U0076521

圖解粒子物理

從牛頓力學到上帝粒子，一窺物質的究極樣貌

和田純夫／著
陳朕疆／譯

前言

本書是以學生、一般大眾為預設讀者的基本粒子物理學解說書。

基本粒子是構成這個世界最根本的粒子。自古以來，人們就在爭論這個世界有哪些基本粒子，或者基本粒子到底存不存在。到了近代科學崛起的18世紀，這樣的爭論仍持續著。現在，無論是誰都同意原子的存在，且原子的結構為「原子核＋電子」。然而科學界是在20世紀初才確立了這個事實。

在這之後，相關領域有了飛躍性的發展。愛因斯坦發表了光量子假說（1905）、量子力學誕生（1925、1926）、湯川秀樹發表介子論（1934）、夸克模型誕生（1964）、電弱統一理論誕生（1967），各種粒子陸續被發現後，科學家們發現了希格斯粒子（2012）。這100年間，可以說是基本粒子物理學的黃金時代。

本書除了是基本粒子物理學的解說書，同時也是其歷史的解說書。我會在極力避免寫出數學式的情況下，盡可能地描述前因後果。所以說，文中常會出現各粒子的質量（重量）等數值。從這個角度來看，本書也可以說是一本教科書般的書籍。希望各位能在閱讀本書、動腦思考的過程中，明白書中提到的原理。

在發現希格斯粒子，也就是20世紀之後，終於確立了基本粒子的標準理論，但這只是一個里程碑，並不代表結束。本書會在最終章說明未來還需要解決哪些問題。不過基本上，我們不會提到那些第一線的科學家們打算要如何解決最新的問題。另一方面，本書則會簡單說明近代科學的物質觀點在20世紀以前的發展。希望您能藉此感受到基本粒子物理學在人類學問發展中的定位。

十分感謝爽快答應出版本書的Beret出版社，以及負責編輯的坂東一郎先生。在我執筆本書的現在（2020年年初），世界正陷入前所未有的嚴重事態。期望基本粒子物理學界、出版業界，包括日本在內的全體人類社會，都能度過這次危機，繼續發展茁壯。

2020年8月

和田純夫

於本書中登場的希臘字母

α	alpha	ρ	rho
β	beta	τ	tau
γ	gamma	ϕ	phi
λ	lambda	ψ	psi
μ	mu	Δ	delta（大寫）
ν	nu	Υ	upsilon（大寫）
π	pi		

CONTENTS 圖解粒子物理

第 4 章

第 5 章

第 6 章

第 7 章

第 8 章

第 9 章

129 弱交互作用

第 10 章

149 從核子到夸克

第 11 章

163 量子色動力學

第1章

從原子到基本粒子

「物質皆由原子組成」

理察・費曼是活躍於20世紀的偉大物理學家之一，其深具魅力的人格與人物故事皆廣為人知。曾有人問他，如果人類文明即將消失，只能選一句話留給未來可能會復甦的人類，會留下什麼話做為遺言？費曼的回答是「物質皆由原子組成」。

物質為什麼會有固態、液態、氣態？為什麼會擁有某些特性？為什麼自然界存在各式各樣的物質？為什麼會產生各種變化（化學反應）？回答這些問題時，都需以「物質皆由原子組成」為起點。

圖 1-1 • 直觀說明固態、液態、氣態的差異

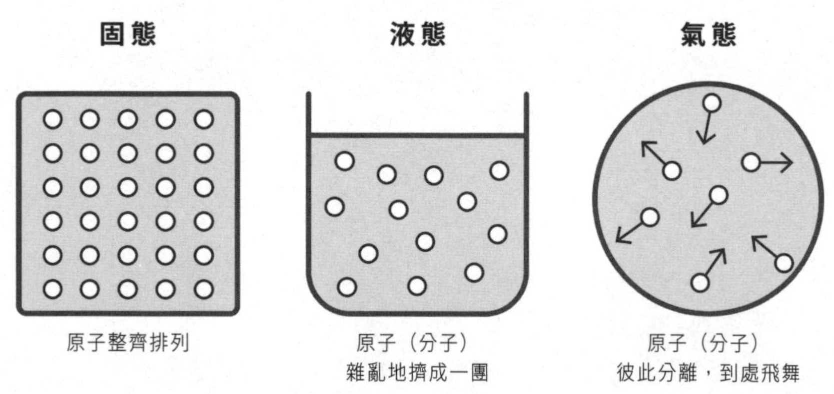

原子核與電子

「物質由原子構成」這個想法在古希臘時期便已存在，但當時對原子的概念僅止於「無法再分解下去的粒子」而已。原子一詞翻譯自atom，是tom（分割）這個單字加上表示否定的前綴詞a–。

後來在輾轉曲折的發展下，於20世紀時，人們終於了解到原子的正確樣貌。原子的構造為：**中心有個原子核，原子核周圍則有1個或多個電子環繞，而根據原子種類的不同，環繞的電子數可達數十個**。原子種類繁多，譬如氫原子、碳原子、氧原子、鐵原子等，這些原子的性質差異就是來自**環繞在其周圍的電子數**。

這些原子可依電子數排序如右表。氫H有1個電子、氦He有2個電子，這兩種可說是本書中最重要的原子。

古希臘人雖然提出了原子的概念，卻說不出原子有多大。直到19世紀後半，才有人推算出數公克的物體內，就含有約10的24次方個

圖1-2 • 原子列表

符號	名稱	電子數
H	氫	1
He	氦	2
Li	鋰	3
Be	鈹	4
B	硼	5
C	碳	6
N	氮	7
O	氧	8
F	氟	9
Ne	氖	10

符號	名稱	電子數
Na	鈉	11
Mg	鎂	12
Al	鋁	13
Si	矽	14
⋮		
Fe	鐵	26
⋮		
Au	金	79
⋮		
U	鈾	92

（10^{24}個）原子。這表示，1個原子的長度約為10的負7次方mm（10的7次方分之1mm）。

更讓人驚訝的是，位於原子中心的原子核大小**只有原子的十萬分之一**。環繞在其周圍的電子，目前被認為是沒有大小的粒子（小到不需要考慮其大小）。所以，原子內部其實相當空曠。

所謂的原子半徑，指的其實是原子核與電子間隔的平均值，並不代表這個球狀範圍內塞滿了物質。不過，原子核內部確實是塞滿了東西，之後會提到這個部分。

讓我們試著用現實中的物品來比喻原子的相對大小吧。原子和原子核的大小差了約10萬倍，假設原子是直徑1cm的玻璃珠，那麼原子核就大約是0.0001mm（0.1 μm（微米）），和病毒差不多。另外，原子和棒球的大小差了約10億倍，如果把原子放大到玻璃珠的大小，那麼棒球就會被放大到地球那麼大。

圖1-3 • 將原子比喻成玻璃珠

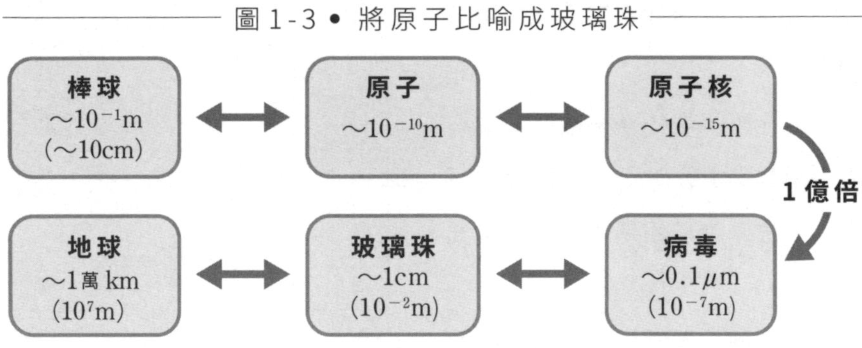

原子的世界是如此微小（微米等級），和我們平常觀測得到的世界很不一樣，適用的物理規則自然也不一定相同。事實上，原子世界的物理定律確實和宏觀世界有很大的差異，這就是量子力學這門新學問在處理的問

題，我們將在第6章中說明這點。

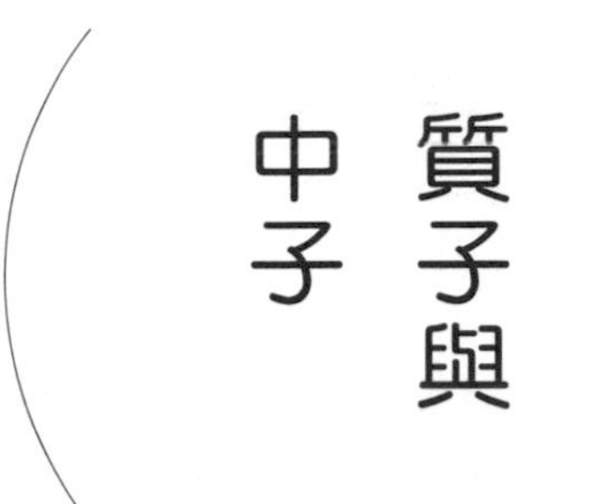

質子與中子

在知道原子核的存在之後，人們馬上就了解到原子核不是單一粒子。一般而言，原子核是由數個**質子**與數個**中子**在非常小的區域內緊密結合而成的粒子團（氫原子核是例外，只有1個質子）。

質子與中子共同構成了原子核，故合稱為**核子**。兩者質量（重量）與性質皆十分接近，屬於同一個族群的粒子，不過兩者間有個很重要的差異，詳述如下。

本書中會提到許多種粒子，並依照其性質分類。當然，因為這些粒子都有著不同的性質，所以也被賦予不同的名稱。而依照性質來分類，可以幫助我們掌握基本粒子的整體樣貌。

質子與中子屬於同一個族群，而兩者間的最大差異就是電荷。這裡讓我們簡單說明（複習）一下什麼是靜電力吧。

想必大家應該都看過靜電現象（摩擦生電）吧。靜電（嚴格來說應該是靜電量或**電荷**）可分為正與負。摩擦2個物體之後，一邊會帶正電荷，另一邊則帶負電荷（帶有電荷也稱為帶電），兩者會彼此吸引。如果將2個帶正電的東西靠近彼此（或者將2個帶負電的東西靠近彼此），兩者會互相排斥。這種力稱為**靜電力**。

摩擦靜電的根本原因為（因摩擦而移動的）電子的電荷。電子擁有電荷這項性質，數值表示為負數。粒子有許多種性質，電荷是其中一種。電荷的具體大小會因為表示方式（單位選擇）的不同而有所差異，本書則會省略單位的部分，將電子的電荷寫成$-e$，或者寫成更單純的-1（e為電子電荷的絕對值）。

相對於此，原子核的質子擁有正電荷$+e$（或者簡單寫成$+1$）。所以，由質子構成的原子核與周圍的電子會因為靜電力而彼此吸引，形成1個原子（中子不帶電荷）。

不同種原子間的差異也可以用電荷來說明。假設某個原子核擁有8個質子（也就是氧原子的原子核），那麼該原子核的電荷就是$+8$。如果該原子核吸引到8個電子，也就是-8的電荷，那麼整體電荷會是0。此時，原子核便不會再吸引其他電子，成為相對穩定的狀態（不過，原子有時候會少幾個電子，或者多幾個電子，形成所謂的離子。離子在某些情況下仍相當穩定，不過這就是化學要處理的問題了，本書不會深入討論）。

於是，自然界中各種原子的差異，皆可用電子與（原子核內的）質子數目來說明。但於此同時，又產生了幾個新的問題。原子核內存在著不帶電荷的中子，且中子的數目通常與質子相近。那麼為什麼原子核內會有中子呢？另外，帶有正電荷的質子之間，應該會互相排斥才對，為什麼這些質子可以聚集在那麼狹窄的區域內呢？看來應該存在著**某種無法用靜電力說明的作用**。嘗試回答這些疑問，就是新的基本粒子物理學的起點。我們將在第8章提到這點。

從核子到夸克

1930年代時，人們便已知道原子核由質子與中子構成（中子發現於1932年）。那麼，我們可以說質子與中子是「基本粒子」嗎？

基本粒子（elementary particle或fundamental particle）指的是構成物質，且無法再被分解的粒子。由這個定義看來，因為原子由電子與原子核組成，所以原子不是基本粒子。

就目前而言，先不談電子，至少原子核並不是基本粒子。那麼，構成原子核的核子（質子與中子）是基本粒子嗎？

事實上，在發現中子後的近30年內，人們確實認為中子是基本粒子。但如果中子是基本粒子，便不能解釋後來發現的幾個現象。後來有人提出核子是複合粒子，由3個更基本的粒子（被命名為夸克）組成。經過輾轉曲折的過程後，這個假說終於獲得了多數人的認同。

圖 1-4 • 原子核內的樣子？

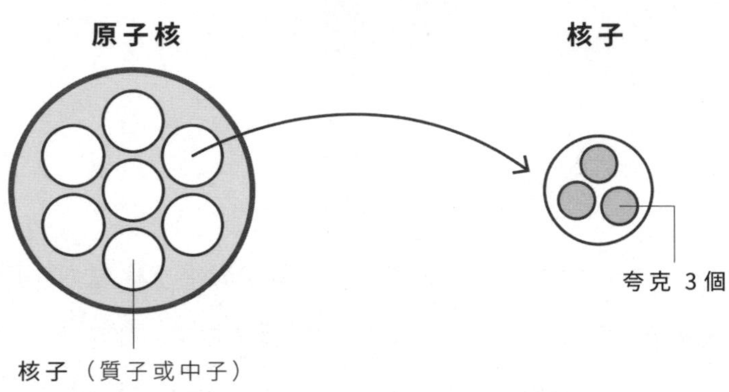

夸克說之所以無法迅速獲得眾人認同，最主要是因為人們沒有真正找到夸克這種粒子。要用理論說明為什麼夸克存在卻找不到（無法單獨存在），是一件很困難的事。到了1970年代，量子色動力學理論登場時，終於（幾乎）解決了問題，我們將在第11章中詳細說明。無論如何，核子不是基本粒子，**夸克才是基本粒子**，這就是目前的基本粒子標準模型。我們將在第10章中說明什麼是夸克。

另一方面，就目前而言，電子仍被認為是基本粒子，至少是和夸克同一個等級的粒子。當然，隨著學問的發展，未來不管是夸克還是電子，都有可能不再是基本粒子。

其他基本粒子

——緲子與微中子

除了電子與夸克之外，目前還有十多種或數十種粒子（計算方式不同時，會有不同結果）可被稱為基本粒子。這些粒子幾乎都不存在於原子內，卻確實存在於自然界中。不過，有些基本粒子在生成後，就會馬上變成多個其他較輕的基本粒子（稱為衰變），也有些基本粒子會持續一段時間。粒子的生成與衰變（消滅），是20世紀以後才登場的新物質觀。自古以來，有些人主張物質不會變化，有些人主張物質會變化，兩方各自提出了多種看法。現在則已確定「物質並非永恆不變」。不過，物質的變換（粒子的生成、消滅），需遵循嚴格的規則，推導出這個規則就是基本粒子物理學的重要目標之一。而了解自然界中還存在那些基本粒子，則是另一個目標。

不過先把它們放一邊，讓我們稍微介紹一下除了電子與夸克之外，還有哪些基本粒子吧。

緲子（μ粒子，muon）是相對較早發現的粒子。一般而言，會用「-on」做為粒子的後綴詞。

簡單來說，緲子是較重版本的電子。緲子性質與電子類似，質量（重量）卻是電子的200倍，核子的約10分之1。這是在宇宙射線實驗中發現的粒子。

宇宙射線是從太空中飛向地球的粒子（通常是質子）。當這些高速且擁有龐大能量的粒子接近地球，與大氣中的原子相撞之後，就會生成平時不存在於自然界中的粒子。科學家們會用雲室等器材檢測這些粒子的存在（雲室是充滿了特殊狀態（過飽和狀態）的水蒸氣。帶有電荷的粒子通過雲室時，軌道會生成水滴）。

緲子經過一定時間後，會衰變成電子與2個微中子（後述）。但為什麼這樣的粒子會存在於自然界中呢？在之後的很長的一段時間內，科學家仍不曉得原因。然而進入1970年代後，人們了解到所有基本粒子都有另外2個性質相似、質量不同的夥伴，現在科學家們將其描述成3個**世代**。其中緲子就是第二世代的電子，本書之後會再詳細說明。不過至今科學家們仍不曉得為什麼世代會有3個（雖然有提出某些假說）。

基本粒子物理學的解說書中，**π介子**是很常登場的粒子。湯川秀樹於1934年預言了它的存在，用以說明原子核內部的運作機制；科學界則是在1947年找到了這種粒子。不過和核子一樣，現在已知π介子也不屬於基本粒子，而是由2個夸克（正確來說，是1個夸克和1個反夸克）結合而成的粒子。湯川的介子論是基本粒子物理學的重要起點，我們將在第8章中詳細說明。

還有一個不能忘的基本粒子，就是**微中子**。微中子不帶電荷，質量幾乎為0，且幾乎不會與其他粒子反應。科學家在1930年就預言微中子的存在，並於1956年時，透過原子爐實驗確認了它的存在。這段經過將在第9章中說明。

這裡先簡單介紹微中子的特性。太陽進行核融合反應的同時，會產生大量微中子。而且這些微中子會跟著陽光一起抵達地球，並持續不斷地撒在我們的身體上。不過，微中子幾乎不會和其他粒子反應，而是會逕行穿過地球。所以在我們的日常生活中，不會意識到自己沐浴在大量微中子之下。只有使用非常大的裝置，才能看到微中子和其他粒子間的反應。科學家們也正是用這樣的裝置確認微中子的存在，並研究其性質。微中子也和其他基本粒子一樣，可以分成3種。

除此之外，還有幾種基本粒子較晚被發現（20世紀後半）。本書在說明基本粒子的相關理論時，會慢慢介紹這些粒子的性質，它們在自然界的定律中都扮演著相當重要的角色。

不過在正式開始說明基本粒子的相關理論之前，做為準備，先讓我們在下一章中簡單複習（在基本粒子物理學還沒出現的）20世紀以前，人們對於自然界的物理定律有多少程度的理解吧。

PARTICLE COLUMN

第1章中登場的粒子名稱

本書之後會陸續提到各種粒子。為了避免讀者混亂，以下整理目前提過的粒子們，請再次確認。

核子	質子與中子的合稱。構成原子核的粒子
質子	核子中，帶有正電荷（+e）的粒子
中子	核子中，不帶電荷（呈電中性）的粒子
夸克	3個聚集在一起可構成核子（第10章）
π介子	湯川秀樹為了描述在原子核內作用的力量， 預言其存在的粒子（第8章）
電子	在原子核周圍運動的粒子。擁有負電荷（$-e$） 遠比核子輕（約2000分之1）
緲子	較重的電子、第二世代的電子（第12章）
微中子	電中性、非常輕、幾乎不會產生反應。 太陽會製造出大量的微中子（第9章）

近代科學的確立I

牛頓與萬有引力

近代科學的成就（整理）

本書的主題是20世紀以後才出現之物質新樣貌的發展過程。不過，近代科學並不是20世紀之後才開始發展。17世紀時，伽利略、牛頓等人便已開啟了近代科學的大門。在接下來3個章節的內容中，就讓我們回顧一下20世紀以前的近代科學有什麼樣的物質觀吧。

為了讓讀者們一開始就擁有整體概念，先將之後3個章節的內容整理如下。

物體如何運動？（力學與萬有引力） 從天動說（地心說）轉變到地動說（日心說）時，人們對物體運動的看法有了根本上的轉變。另外，萬有引力（重力）的發現，使人們了解到適用於地球的定律也同樣適用於天體，這就是「統一」物體定律的第一步。（牛頓）

什麼是元素？ 對於「元素」的看法有了根本性的轉變。「水與空氣不是元素，氫與氧才是元素」這樣的主張成為主流。（拉瓦節）

原子真的存在嗎？ 原子存在與否的爭論在學界此起彼落（原子論與反原子論）。最後雖然由原子論取得勝利，然而人們對原子的結構仍存在一些疑問。

熱是什麼？ 人們了解到熱不是物質，而是原子的運動，故可用力學的角度分析熱。於此同時也確立了能量守恆定律。

光是什麼？ 光不是粒子，而是電磁波，也就是電場與磁場的波。（馬克

士威）

不過到了20世紀，以上見解都有一定程度的修正。

在本章的一開始，就讓我們先來看看牛頓力學（又叫做古典力學）吧。

地動說帶來的觀念轉換

力學處理的是物體的運動問題。而確立了近代力學的著作，則是牛頓於1687年出版的《Philosophiæ Naturalis Principia Mathematica》（可簡稱為Principia，意為「原理」）。這本書以拉丁語寫成，中文經常譯成《自然哲學的數學原理》。由此可以看出，物理學在當時是哲學的一個子領域。

牛頓撰寫這本書的動機是為了說明「萬有引力定律」，並以此解釋太陽系內行星的運動。然而這本書的威力不僅於此，書中確立了一般化的運動定律，做為萬有引力定律的基礎，並以此說明地表物體的運動行為（譬如蘋果從樹上掉落的運動），以至於天體間的力學，是一本架構龐大的書籍。

此時，距離哥白尼提出地動說（日心說）已過了100多年，地動說已擁有相當多支持者。而且，在半個世紀以前，克卜勒已透過行星運動的精密觀測資料，推導出三大定律。**克卜勒三大定律**包括以下3個定律。

第一定律 行星軌道（不是圓形）是橢圓形。

第二定律 不論行星位於何處，面積速度皆保持一定（參考圖2－1）。

第三定律 不論是哪個行星，「公轉週期的平方／半徑的三次方」比值固定。

圖 2-1 • 面積速度固定

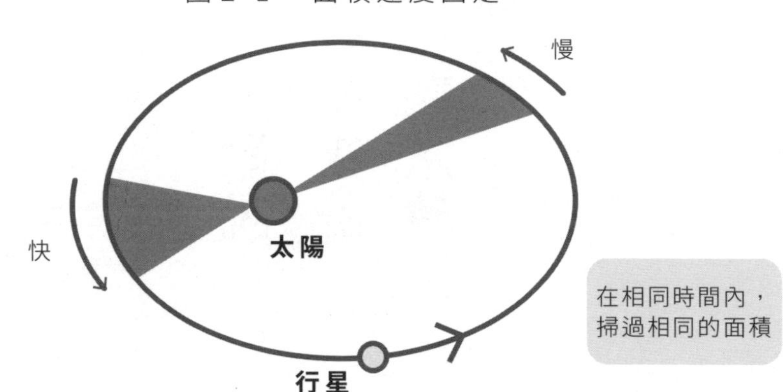

讓我們以木星為例，說明第三定律。木星繞太陽一圈需花費11.86年。換言之，週期是地球的11.86倍。此外，木星軌道的半徑（嚴格來說是半長軸……也就是橢圓長軸的一半）是地球的5.198倍。由第三定律的公式可以得到

（11.86的平方）÷（5.198的三次方）= 1.001

幾乎等於1。其他行星也一樣。

從古希臘的傳統觀點（以亞里斯多德的論述為主）看來，克卜勒的主張相當詭異。如果地動說是對的，就表示地球會在太陽周圍以相當快的速度運動。既然如此，為什麼地面上的我們，以及天空中的雲感覺不到這樣的運動呢？

另外，為什麼行星的軌道是橢圓的呢（第一定律）？如果軌道是圓形，至少可以說是神選擇了圓這個最美的形狀，作為天體的運動軌道（實際

上，他們確實是這麼想的）。如果不是圓，而是歪掉的橢圓，至少也要有個理由。還有，第二、第三定律又為什麼如此呢？

牛頓為了處理這些問題，提出了以下3個運動定律作為基礎，被稱為**牛頓三大運動定律**（不過，這些定律其實是牛頓將伽利略、笛卡兒等人提出的定律整理之後的產物）。

第一定律 在沒有受到外部影響的情況下，物體會持續進行等速直線運動。（慣性定律）

第二定律 物體受到外部影響（＝力）時，速度（大小與方向）會改變。

第三定律 物體A對物體B施力時，B也會對A施一個大小相同、方向相反的力。（作用力與反作用力定律）

第一定律說明了為什麼地球在運動時，我們沒有任何感覺。地球幾乎是等速率直線運動，所以人類自然也跟著地球一起移動（不過，地球自轉則可透過適當的觀察判斷出來）。

補充：伽利略用運動相對性的概念，說明慣性定律。他說，只要物體是等速運動，且沒辦法和外界比較的話，就沒辦法判斷自己有沒有在移動。也就是說，我們只能透過和其他物體的相對性關係，判斷自己有沒有在移動。他並以船艙內的乘客為例，說明「在沒有窗戶的船艙內，乘客沒辦法判斷船有沒有在移動」。簡單來說，也就是無法區別自己是處於不受外部影響持續進行等速運動的狀態（慣性定律），或者是一直保持靜止狀態。當然，就算眼睛閉著，我們還是可以感覺得到自己搭乘的交通工具在加速還是減速，就和我們的生活經驗一樣。

第二定律捨棄了「物體運動是物體的內在性質」這個舊觀點，確立了「物體運動是周圍的影響（力）造成」這個新觀點。而且，由第二定律可以知道，地球與行星之所以會進行橢圓運動，是因為有一個來自太陽的力將它們往太陽的方向拉。這也可以說明克卜勒第二定律（即面積速度固定，雖然說明過程稍微複雜了些）。

而最後的克卜勒第三定律，則可由「『行星受太陽的拉力』和『行星與太陽的距離平方』成反比」推導出來。推導過程涉及複雜的數學計算，故本書省略不談。重點在於，克卜勒三大定律在奠定力學的過程中扮演著十分重要的角色。

而且不只是行星，包括地球與月球間的力，木星或土星與它們的衛星之間的力，以及地面附近的物體（譬如蘋果）受地球的拉力（地球重力）等，都遵循著同樣的規則。這種會作用在所有物體間的力，被命名為萬有引力，也有人稱其為重力（gravity）。

物體的運動不是由物體的內在性質決定（亞里斯多德式的自然觀），而是由外部的影響決定。這種**因果律式的自然觀**（所有事物都有原因與結果）於此時確立。此外，「地上物體與天體運動時都遵循著相同物理定律」的新觀念，也是在此時確立。現今已經不會有人對於這些觀念抱有懷疑。

即使如此，還有很大的問題未能解決。為什麼重力可以作用在距離遙遠的物體（譬如太陽與地球）之間呢？是有什麼東西在傳達這個力嗎？牛頓無法回答這個疑問（或者只能說這是神的作用）。所以也有很多人批評他的理論是非科學的妄想。

不過，牛頓的理論不只能夠解釋克卜勒的三大運動定律，也解釋了許多其他現象，超出了牛頓原本對它的期待。譬如近日點進動就是一個有名的例子。嚴格來說，行星軌道並不是完美的橢圓形，而是像下方的圖2－2那樣，是會緩慢旋轉的橢圓。這種現象會使行星最靠近太陽的位置（稱為近日點）逐漸偏離，故稱為近日點進動。

圖 2-2 • 近日點進動

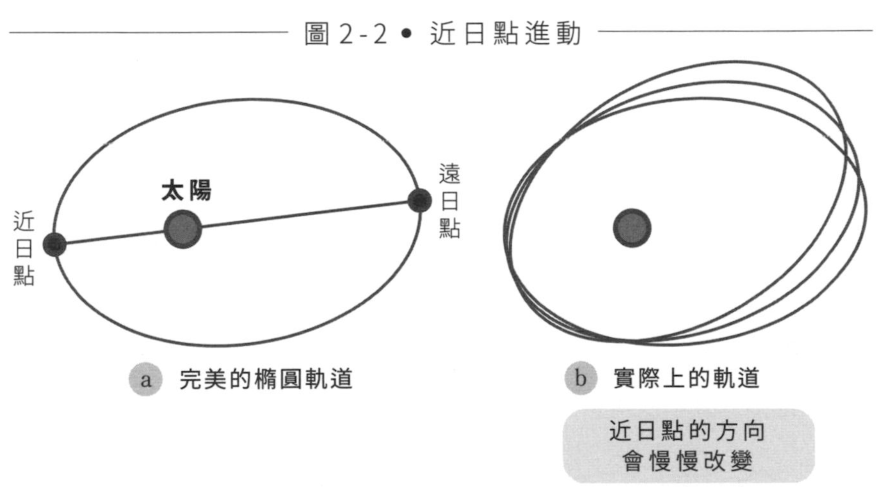

在牛頓時代的約100年後，有位名為拉普拉斯的科學家證明，之所以會有近日點進動的現象，是因為行星不只受太陽萬有引力的影響，也會受到來自其他行星的萬有引力影響。要是牛頓聽到這個證明的話，他會怎麼想呢？牛頓當然也知道，來自其他行星的萬有引力會影響到行星的運動，不過他覺得，這些影響累積起來之後，會讓行星的運動陷入混亂。他認為，目前的太陽系之所以那麼井然有序，是因為有一個超越了萬有引力的神在調控著一切。

不過，拉普拉斯成功用牛頓的萬有引力，說明行星橢圓軌道的偏離現象。這表示，牛頓力學非但不是非科學的妄想，相反的，牛頓力學可以說是科學的理想型態。不過，科學家們一直到20世紀，廣義相對論登場之後，才理解到萬有引力的原因（以重力場的形式），請別忘了這點（參考第247頁）。

第3章

近代科學的確立Ⅱ

元素與原子／熱是什麼？

元素

接著，讓我們把話題轉移到物質上。第1章從費曼的話「物質皆由原子組成」出發，說明了由原子核以及環繞在其周圍之電子所組成的原子模型。對於曾在學校學過這種模型的我們來說，這是個再理所當然不過的事。但事實上，科學家們一直到20世紀，才確立了這種原子模型。然而，這種原子結構並不能解決所有問題，反而還產生了新的問題，間接促進了新物理學（量子力學）的登場。以下就讓我們簡單複習一下原子論的歷史吧。

討論物質的時候，必須釐清物質的「種類」與「形態」。原子的形態討論起來稍嫌麻煩，這裡就先讓我們來看看原子的種類有哪些。

自然界中有各式各樣的物質。自古以來，就有許多文明的學者認為，這些物質並非全都彼此獨立，而是存在某些基本物質，其他形形色色的物質則是由這些基本物質組合而成。其中，古希臘亞里斯多德等人提出的四元素說就是一個相當有名的說法。他認為，所有物質都是由火、空氣、水、土等4種元素組合而成（這是簡化後的說明方式）。

到了18世紀，許多新的發現無法以四元素說解釋。譬如有人發現空氣是由可助燃的氣體（氧氣），以及無法助燃的氣體（氮氣）混合而成的混合物，且燃燒是物質與氧氣劇烈結合的過程。此外，還有人主張水不是元素，而是氫與氧的化合物。此時的科學界，對於什麼是元素、什麼是化合物的看法有了很大的改變。這個改變被稱為化學革命，主導者是拉瓦節。

他在1789年時出版了《化學基礎論（Traité Élémentaire dechimie)》，並在書中介紹了33種應被視為元素的物質，如下表。

圖 3-1 • 拉瓦節的元素表（1789年）

類別			
存在於自然界各處的元素	光	熱素（caloric）	
	氧	氮	
	氫		
非金屬	硫	磷	
	碳	氯	
	氟	硼	
金屬	銻	銀	砷
	鉍	鈷	銅
	錫	鐵	鉬
	鎳	金	鉑
	鉛	鎢	鋅
	錳	汞	
土的元素	石灰（現在的碳酸鈣）		
	苦土（現在的氧化鎂）		
	重土（現在的氧化鋇）		
	礬土（現在的氧化鋁）		
	矽石（現在的二氧化矽）		

這張表中，有許多物質至今仍被視為元素（與第13頁的表比較），也有一些物質並非如此。譬如，光是否為物質呢？另外，熱素（caloric）顧名思義是熱的元素，然而現代學校卻沒教過這種元素。我們將在下一章說明

光是什麼，在本章最後說明熱素是什麼。

原子論與反原子論

元素有哪些？這個問題和物質的種類有關。相對的，元素由什麼東西組成？則是形態的問題。自古以來，原子論者與反原子論者之間，就一直針對這個問題反覆爭論。

原子論者主張，所有物質都是由「原子」構成，原子是無法再分割的微小粒子。他們認為，**原子是很小的粒子，且粒子與粒子之間是什麼都沒有的空間，也就是真空**。相對的，反原子論者則主張，不可能存在什麼都沒有的空間，**物質是連續性地填滿了廣大的空間**。

古希臘的原子論者代表人物是德謨克利特，反原子論者的代表人物則是亞里斯多德。原子的英文atom就是來自希臘語，意為不可分割的東西。德謨克利特甚至認為，生命與靈魂都是由原子構成。

這個爭論一直持續著。譬如在17世紀，笛卡兒是反原子論者，牛頓是原子論者。兩人的不同看法，分別對應到了他們對太陽系天體運動的解釋方式。前面我們已經提過牛頓的解釋方式。笛卡兒則認為，太空中有許多眼睛看不見的物質（他稱為乙太），這些物質會形成轉動中的漩渦，推動行星運動（渦動說）。牛頓寫下《自然哲學的數學原理》這本書時，與其說是為了要證明古代的天動說（地心說）是錯的，不如說是為了要反駁笛卡兒一派的渦動說。笛卡兒的渦動需填滿空間中的每個角落，相對於此，牛頓的萬有引力則可傳到空無一物的空間中（牛頓將其描述成神的作用）。

前面提到，18世紀末時，拉瓦節發表了元素表，而將元素表套用在原子論上的則是道爾頓（1803年）。他認為，每種元素都存在對應的原子，且將不同種類的元素，依固定比例結合就會形成化合物。由於每種原子的質量皆固定，所以化合物的質量也是固定值。

道爾頓認為，由單一元素構成的物質中，每個原子各有各的運動。亞佛加厥則提出分子的概念（1811年）。他認為，氧氣中的氧原子不是一個個自由運動，而是2個氧原子結合成分子，以分子為單位在空間中運動。

在19世紀，人們紛紛以原子與分子的概念為基礎，分析各種化學反應。原子論獲得了廣大的支持，但原子為什麼會結合在一起？又為什麼相同的原子可以彼此結合（然而帶正電的東西會彼此排斥，無法結合在一起）？這些物理性問題仍未獲得解決。反原子論者還強硬地主張，原子只是為了方便說明化學反應的規則，而被創造出來的沒有實體的抽象概念。事實上，還有許多現象（看似）無法用「物質由原子組成」來說明。

電子與原子核的發現

結果，主張原子實際存在的原子論者是正確的。然而於此同時，「原子（atom）是無法繼續分割的最小單位」卻是錯的，讓我們繼續看下去。

首先，J.J.湯姆森發現了電子。因為同一時代有另一個著名的物理學家威廉·湯姆森（又叫做克耳文男爵），為了避免混淆，一般會稱呼他為J.J.湯姆森。

他的研究材料是真空管。對真空管施加高電壓時，陰極（負極）會朝著陽極（正極）射出粒子，這種粒子流就叫做**陰極射線**。

因為這種粒子是從陰極朝著陽極射出，所以帶有負電荷。如圖3－2所示，於陽極後方的上下施加電壓，於是，穿過陽極的粒子會朝著正極方向彎曲。由此可以知道，這種粒子帶有負電荷。而且由彎曲的方式可以知道，粒子的質量與陰極所使用的金屬種類無關。

因為這種粒子的性質和來源物質無關，所以可以推論出，構成物質的成分中帶有負電荷的部分，是所有物質的共通成分。J.J.湯姆森將這種粒子命名為電子。

圖 3-2 • J.J. 湯姆森的陰極射線實驗

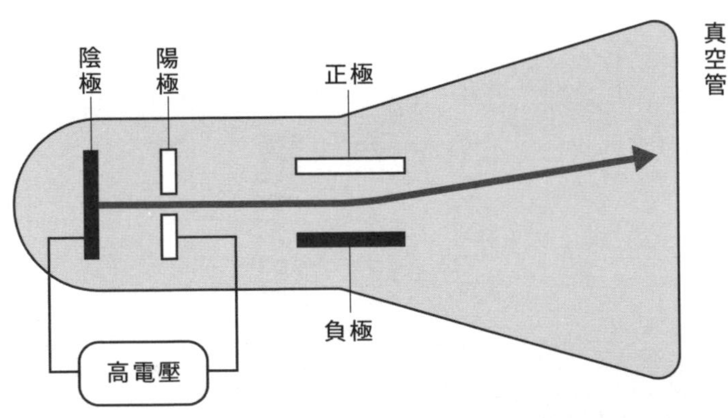

因為物質整體的電荷為零（不帶靜電的情況下），所以物質內一定有某些成分帶有正電荷。那麼，帶有正電荷的部分和帶有負電荷的部分是如何組合起來的呢？由於電子質量遠比原子質量小，於是「很重的正電部分與很輕的負電部分如何組合在一起？」便成了一大問題。

一般應該會馬上想到太陽系的樣子吧。太陽用萬有引力拉著行星，使行星環繞在太陽周圍。那麼電子應該也像行星一樣，被中心部分（正電荷）吸引著，在其周圍移動才對。

圖 3-3 • 太陽系模型與電磁波

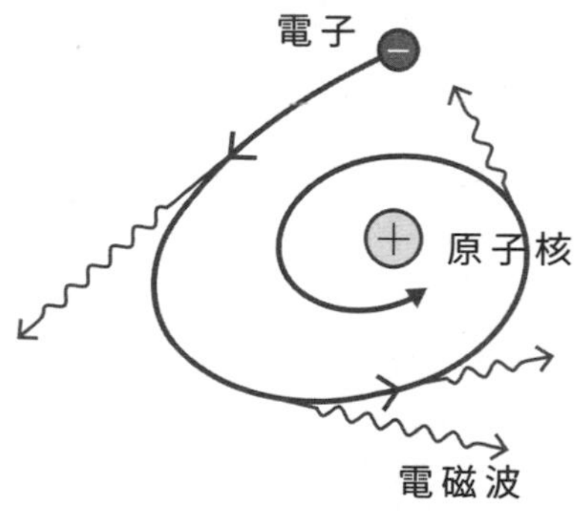

電子彎曲時，會釋放出電磁波，損失能量

一開始，這個模型因為理論上不可能發生而被捨棄（後來經修正後復活）。之所以被捨棄，是因為已經知道擁有電荷的粒子在改變運動方向時，會釋放出電磁波（於下一章中說明），損失能量。持續損失能量的電子無法維持穩定的公轉軌道，而是會逐漸落入中心區域，就像失去動力的人造衛星會往地球的方向掉落一樣。而且經過計算發現，電子花不到1秒就會掉落至中心，所以太陽系般的原子模型並不成立。

接著，湯姆森提出了另一種原子模型「在充滿了正電荷的球狀空間中，有許多小小的電子」稱為葡萄乾布丁模型或西瓜模型（葡萄乾或西瓜籽就相當於電子）。

直到1911年，拉塞福的研究團隊做出實驗結果後，才結束了這場爭論。他們將 α（alpha）粒子的輻射線射向金箔，發現有不少 α 粒子彈了回來。現在我們已知 α 粒子是氦原子核，擁有正電荷。我們可以把它想像成一個和原子質量相仿的粒子。

要讓 α 粒子彈回來，原子內必須有個**正電荷集中的部分**。當 α 粒子接近這個部分時，會因為同性互斥的關係而產生強烈的反彈力道。在西瓜模型中，正電荷與負電荷混在一起，不存在正電荷集中的部分。

因此拉塞福主張，原子中心存在一個擁有正電荷的部分，並稱其為原子核。由於電子環繞原子核時，沒有必要向太陽系那樣呈平面狀，所以拉塞福提出了圖3－4般的模型，稱為**拉塞福模型**。

圖 3-4 • 原子的拉塞福模型

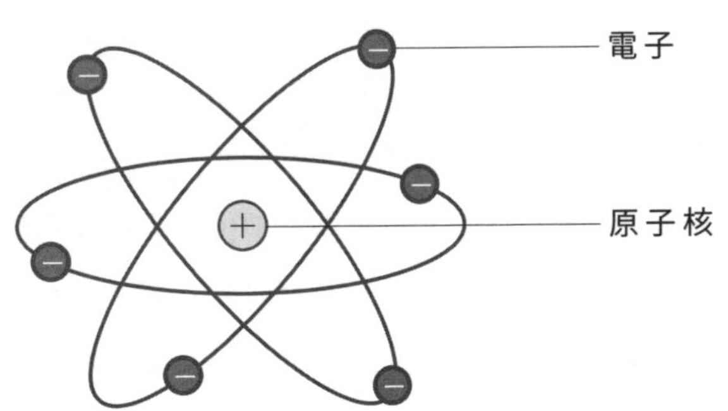

雖然拉塞福的實驗否定了西瓜模型，卻沒有解決「電子繞著原子核公轉時，會釋放出電磁波而逐漸失去能量」這個問題。也就是說，實驗事實與理論之間仍有矛盾。過去成功適用於天體運動與一般物體運動的物理學，卻不適用在原子層次的物理上。除此之外，還有許多實驗得到的現象與理論不符。這些結果催生出了新的物理學——量子力學。我們將在第6章中說明量子力學。

熱與能量

——能量守恆定律

接著要談的是熱。第33頁的拉瓦節元素表中，有個名稱是熱素（caloric）的元素。拉瓦節與許多當時的人們都認為熱是一種物質（**熱物質說**）。也就是說，含有大量熱素的物質比較熱，熱素較少的物質比較冷。不過，目前的原子列表中（第13頁），並沒有熱素這個項目。在原子的概念推廣開來後，「**熱不是物質，而是原子細微運動的激烈程度**」的觀念也逐漸確立（**熱運動說**）。

這個想法轉換的背後，需要能量以及**能量守恆定律**等概念的支持。之後談到基本粒子時，會很常提到能量，所以這裡先讓我們簡單說明什麼是能量。

首先，與熱無關的物體運動，可以用能量來說明。假設我們從地面將某個物體往上拋。物體一開始的速度最快，愈往上速度愈慢，抵達某特定高度時，會瞬間靜止，然後開始往下掉落，且掉落速度會愈來愈快。物體在空氣中運動時，會受到空氣阻力影響（就像是踩了煞車一樣）；如果無視空氣阻力的話，掉落至地面時的速度，會與一開始往上拋的速度相同（當物體相當重、相當小，或者在沒有空氣的真空容器中做這個實驗時，就可以無視空氣阻力，得到這樣的結果）。

將能量守恆定律套用在這個案例時，需考慮2種能量。一種是「動能」，用來表示物體運動的程度。剛往上拋時，物體的動能最大，然後愈來愈小，到最高點時動能為零。不過，當物體開始落下時，動能又會逐漸增加，最後回到原本的數值（若無視空氣阻力的話）。

另一種能量是「位能」，用以表示受重力之物體被放到高處時，物體本身潛在的能量。舉例來說，水壩內的水從山上沖下來時，可釋出原本累積的位能，用以發電。對於被往上拋的物體來說，愈往上移動，位能就愈大，到最高點時位能最大。物體開始落下時，位能會逐漸減小，回到原本的高度時，位能也會回到初始值。

圖 3-5 • 物體的運動與能量守恆定律

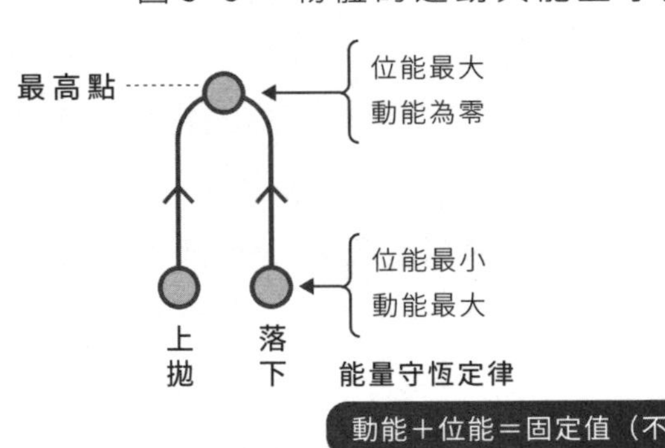

將能量守恆定律套用到這個例子上，我們會說「動能與位能相加後的量，在這個物體的運動過程中不會改變」。**某種量不會任意改變的定律，一般稱為守恆定律。**另一個著名的守恆定律，是本書後面時不時會提到的

電荷守恆定律。將2個物體彼此摩擦時，會產生摩擦靜電，一個物體會帶有正電荷，另一個物體則帶有負電荷，兩者相加後的總電荷與初始值相同（也就是零），這就是電荷守恆定律。

話題回到能量守恆定律。物體被往上拋再落下時，如果有空氣阻力的話，物體會被空氣拖住而無法恢復原本的速度。不過於此同時，物體也會牽動空氣產生運動。在原子論的框架下，空氣中的原子會被物體推動，增加動能。所以即使物體的動能減少，整體的動能仍不會改變（保持固定），這就是能量守恆定律。

由此便可想像出熱與能量之間的關係。舉例來說，推一個桌子上的物體，使其滑動（假設沒有一直推著它），物體應該會馬上停止。因為物體一直在桌上，高度沒有變，所以位能應該也不會變。原本在動的東西停了下來，表示動能消失。另一方面，物體與桌子表面的摩擦會產生熱。試著想像，如果構成物體與桌子的原子在磨擦時，振動得比原先還要激烈（熱運動說），並因此而產生能量，那麼能量守恆定律還是會成立。這種能量稱為內能，或者是熱能。考慮到熱能的能量守恆定律，也叫做**熱力學第一定律**（熱力學第二定律則關係到無數粒子運動的雜亂程度，將在本章最後的專欄中說明）。

圖 3-6 • 熱的產生

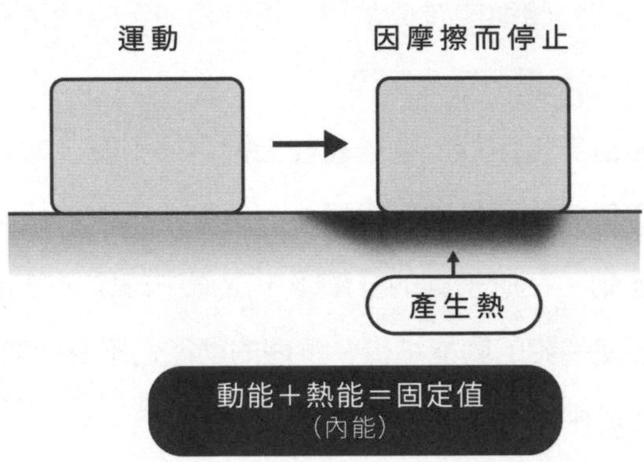

綜上所述，將熱想像成原子層次的運動的話，不只適用能量守恆定律（熱力學第一定律），還可解釋其他許多現象。原子論終於能與力學融合在一起了。另外，雖然在這裡沒有詳細說明，但是在仔細研究過熱之後，發現了某些無法用過去概念說明的現象（例：從發熱物體放出的光強度問題，以及低溫物體的比熱問題）。而這些現象便催生出了量子力學。我們將在第5章中繼續說明這個部分。

PARTICLE COLUMN

熱力學第二定律（熵不減少定律）

熱力學中，除了正文提到的第一定律（包含熱的能量守恆定律）之外，還有第零定律至第三定律等基本定律。如果繼續討論下去的話，內容會過於艱深，所以本書不打算深究。不過以下還是簡單說明第二定律的內容。

由本書主題的基本粒子物理學角度看來，熱力學第二定律是個相當奇怪的定律。

基本粒子物理學中提到的定律，是個別的基本粒子需遵循的定律，然而熱力學第二定律卻是無數個粒子聚集成群後才適用的定律。因此本書不在正文中說明，而是補充在專欄中。不過，從整體物理學看來，這是一個極具深意的定律。

這個定律又被稱為熵增加定律（或是熵不減少定律）。該定律主張，隨著時間的經過，熵的量一定不會減少。那麼熵究竟是什麼呢？

直觀來說，熵指的是「亂度」。舉例來說，假設有一個箱子內有充分混勻的無數個硬幣，我們便可依硬幣的正反面定義熵值。當所有硬幣皆為正面朝上時，熵為0（最小值）；當50%為正面時（也就是亂度最大時），熵有最大值。

假設我們一開始將箱中的每個硬幣都翻成正面，此時的熵為0。接著將箱中硬幣充分搖勻，並注意搖勻時不要對原本是不同面的硬幣有差別待遇。這麼一來，每搖動一次，背面的硬幣比例應該會變得比前一次更高才對。

如果硬幣的個數為無數個，最後正反面會各佔一半，此時不管再怎麼搖動箱子，正反面硬幣的比例也不會改變，這就是熵不減少定律（的一個例子）。

這個定律聽起來好像沒那麼深奧，然而由這個單純的原理（再加上其他幾個原理）出發，推導出來的熱力學、統計力學等，卻擁有相當大的威力。不過這就嚴重偏離基本粒子物理學的主線了，所以相關話題就到此為止。

第 4 章

光的歷史 I

光是波

光是粒子還是波？

接著讓我們回到「光是什麼」的爭論。如同在第33頁所說的，拉瓦節將光視為物質，放入了他的元素表中。自古以來，就一直有人認為光由粒子集團構成，譬如牛頓就是**粒子說**的代表人物。相較於此，也有人認為光是「某種人類無法感受其存在，卻廣布於空間中的物質」所形成的波動（**波動說**），與牛頓同時代的惠更斯就是其代表。如同我們前面提到的「空間中充滿了許多眼睛看不到的某種東西」，也就是否定真空的概念廣受眾人支持。

除了光是粒子或波動的爭論之外，牛頓在光的領域中還有一個幾乎所有現代人都知道的重要主張。那就是太陽光可以分解成各色光的混合。他在實驗中用三稜鏡將陽光分解成各色光，再用三稜鏡將這些色光匯合，使其恢復成白光。他曾以光為材料進行各種實驗，並出版了《光學》（1701年）一書，分析光的性質。牛頓還是反射望遠鏡的發明者。

圖4-1 • 三稜鏡

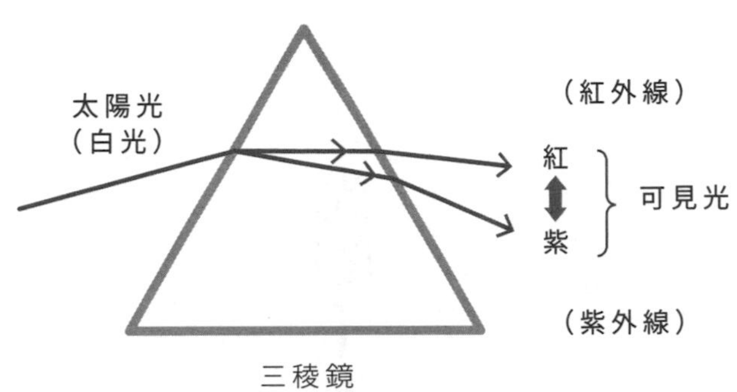

經三稜鏡分成一束束的光稱為單色光，這些單色光匯合後，會成為無色的白光。大氣中的水滴可發揮三稜鏡的功能，將太陽的白光分解成各束單色光，形成彩虹。

日本一般會將彩虹分成7種顏色（紅、橙、黃、綠、藍、靛、紫），但彩虹並不是只有7種顏色，而是從紅色到紫色的連續變化。牛頓也認為彩虹有7種顏色，不過各國的分色方式不一定相同，譬如美國一般會將彩虹分成6色。

三稜鏡的分光如圖4－1所示，各色光從大氣進入玻璃時的偏折角度（折射角度），以及從玻璃進入大氣時的偏折角度各不相同。紫光偏折的角度比紅光還要大。

我們眼睛看得到的部分只有紅光到紫光，不過在紅光的外側，以及紫光的外側，都還有人類視覺感受不到的部分，分別稱為**紅外線**與**紫外線**。不過兩者都是牛頓之後的1800年左右才被發現的東西。談到光的時候，可能會包含紅外線與紫外線，也有些情況不會包含兩者。如果要特指眼睛看得到的光，一般會用**可見光**來表示。

光的折射可以用粒子說解釋，也可以用波動說解釋。關鍵是，光在大氣中與玻璃中的前進速度不一樣，但無論如何，只靠折射現象無法明白光是粒子還是波動。

光的干涉

── 楊格的實驗

光是粒子或是波動的爭論，在19世紀初時，暫時由波動說佔上風（20世紀時，狀況有所變化，不過這是我們下一章的主題）。

光的「干涉」現象，是波動說的關鍵證據。簡單說明一下什麼是干涉。為了方便理解，這裡可以想像水面上的水波。

水波有凸出部分與凹陷部分。凸出部分稱為波峰，凹陷部分稱為波谷。

假設有2個簡單的波，分別只有1個波峰（或者只有1個波谷），且這2個波從兩端往中間靠近、交會。

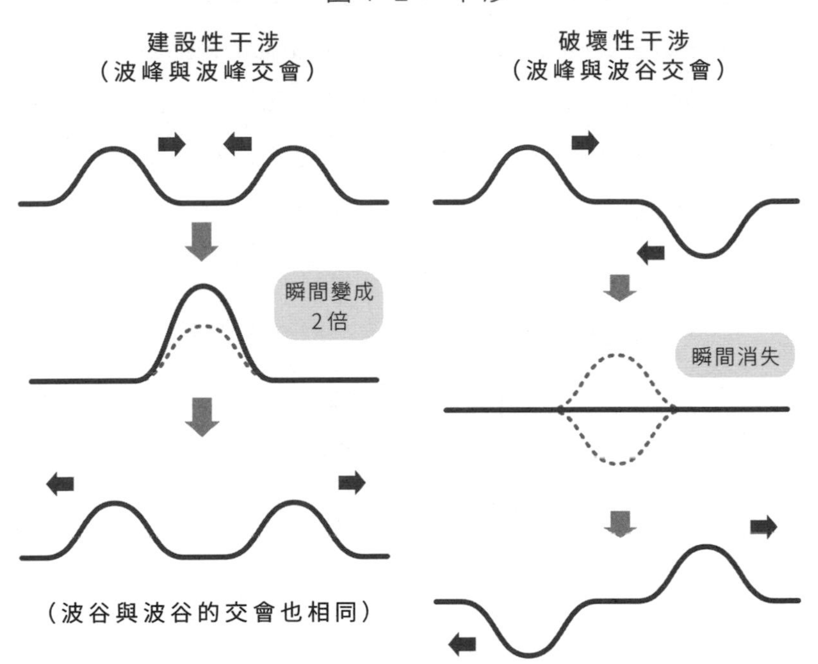

波的交會與物體相撞有很大的不同。物體相撞時，彼此會往反方向彈開，不過波交會時，就像什麼都沒發生一樣，波與波擦肩而過，繼續往各自的方向前進。另外，在波峰與波峰交會的瞬間，會形成2倍高的波峰；波峰與波谷交會的瞬間，會彼此抵消，成為水平面。這種現象就叫做干涉。

如果重疊時波動變得更大，稱為建設性干涉；如果重疊時波動彼此抵消，則稱為破壞性干涉。破壞性干涉是波的特徵，畢竟不會有2個物體在撞擊瞬間自行消滅。也就是說，若能觀察到（破壞性）干涉，就能證明光不是粒子而是波。

要觀察水波的干涉並不困難。首先，如下一頁圖4－3般，製造出直線狀的波，使其往右邊移動，就像往海岸拍打過去的海浪一樣。請將圖中的直線部分當成波峰。在水波的前進方向上，放1塊板子阻擋，並在板子上留1道縫隙。水波撞到這塊板子時會反射回來，不過有一部分的水波會穿過縫隙，在另一邊形成環狀的波擴散出去。這種可以繞過障礙物，到達障礙物另一側的現象，稱為繞射，是波的一大特徵。

圖 4-3 • 穿過縫隙並擴散的波（繞射）

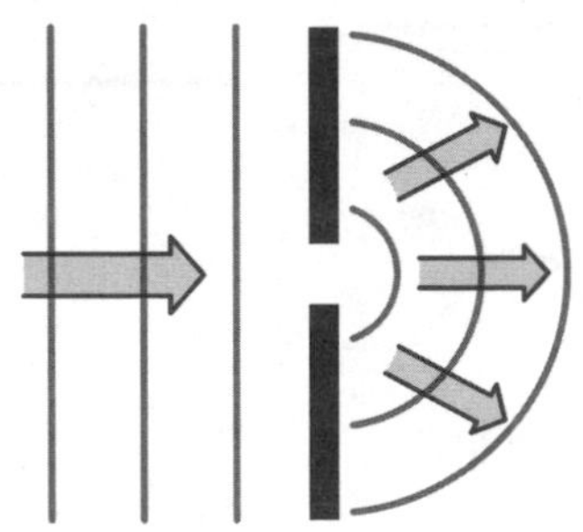

再來，試著在板子上開2道距離接近的縫隙（圖4－4）。水波通過這2道縫隙後，會各自呈環狀擴散，而這2個環狀波重疊時會產生干涉現象。

這裡讓我們試著推敲看看，圖片右側線上的干涉圖樣會長什麼樣子。首先考慮線上的A點。A點與2道縫隙的距離相同，從來自縫隙1的波峰抵達A時，（因為距離相同）來自縫隙2的波峰也會同時抵達。一邊的波谷抵達時，另一邊的波谷也會同時抵達。也就是說，A點會保持建設性干涉的狀態，使該點水面大幅度振盪。

接著從A點稍微往上移動到B點。此處距離縫隙1的距離比較近一些，所以來自2道縫隙的波峰不會同時抵達。當來自縫隙2的波峰抵達B點時，來自縫隙1的波峰已超過B點，波谷則剛好抵達B點。故B點處會產

圖 4-4 • 2 道縫隙產生的干涉

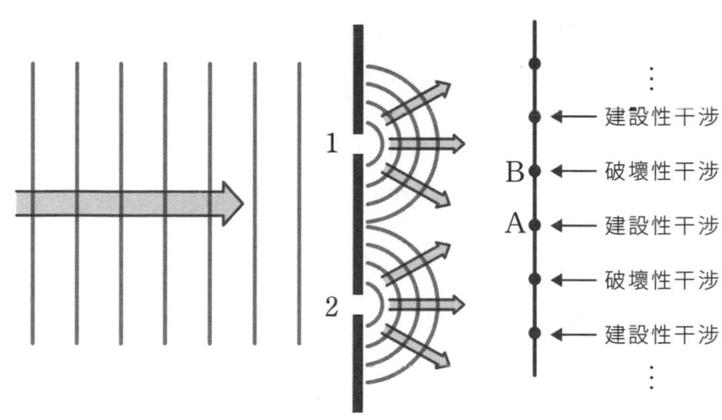

生破壞性干涉，水面保持一定高度。簡單來說，如果2個波的波峰或波谷持續在同一時間抵達某個點，就會一直產生破壞性干涉，使該處水面保持平靜。

在B點更上面一些的地方，來自縫隙1的波，與來自縫隙2的波剛好差了一整個波，所以會產生建設性干涉。就這樣，沿著這條線往上走時，發生建設性干涉的點與發生破壞性干涉的點會交替出現。

楊格改用光來進行這類型的實驗。假設光是某種波，暫且不討論光是什麼東西的波動。就像聲音是空氣的波（空氣分子振動時產生的波）一樣，可以先想像光是充滿了整個空間的某種東西所造成的波。

圖4－3與圖4－4用水面上的水波來說明，這裡我們則假設光從左邊往右邊前進。不過，光不像水波那樣只能在水面上振動，故光的波峰部分是一連串與本書頁面垂直的平面（稱為波面）。圖中的縱線為波面的剖面圖。

障礙物一樣是板狀，只是原本的縫隙變得更狹窄（狹縫）。以圖4－5為例，擋板上開了2道狹縫。

在圖4－5右側的實線處放置屏幕（另一塊板），使光線投影在上面。如果光是波，在通過2道狹縫時就會因為繞射而產生干涉，使屏幕上出現建設性干涉與破壞性干涉交替出現的紋路。出現建設性干涉的部分，光的振動幅度變得更大，所以更為明亮；而出現破壞性干涉的部分，因為沒有光波振動，所以會是暗的（假設我們在黑暗的房間內做實驗）。也就是說，屏幕上會出現明暗交替出現的條紋圖樣。楊格展示了這個條紋圖樣的實驗結果，證明光是一種波。

圖 4-5 • 光的雙狹縫實驗（楊格的實驗）

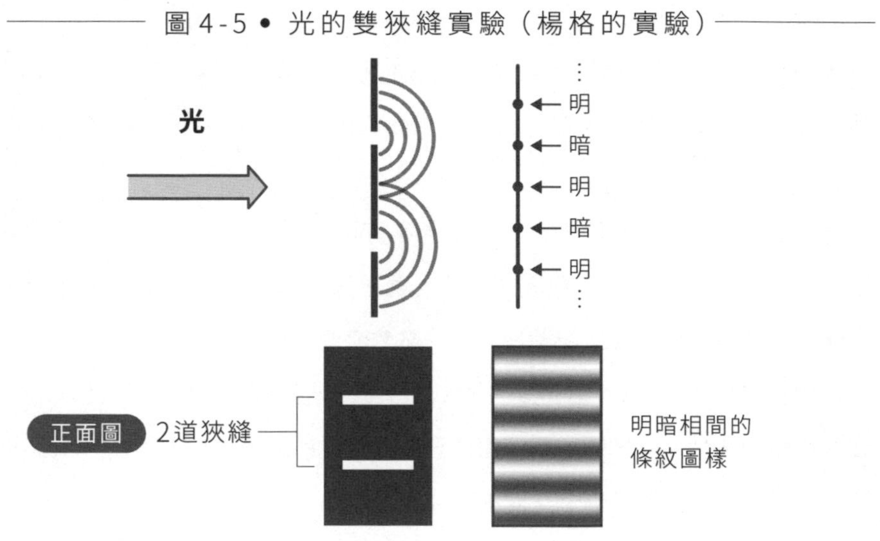

波長與顏色

了解到光是波的這一個事實之後，應該就不難想像為什麼光會有各種顏色了。將圖4－2中只有單一波峰的特殊波型，套用在圖4－3或圖4－4這種水面上連續水波的橫剖面，可以得到圖4－6這種波峰與波谷反覆出現的波形。

圖4-6 • 前後相連的波

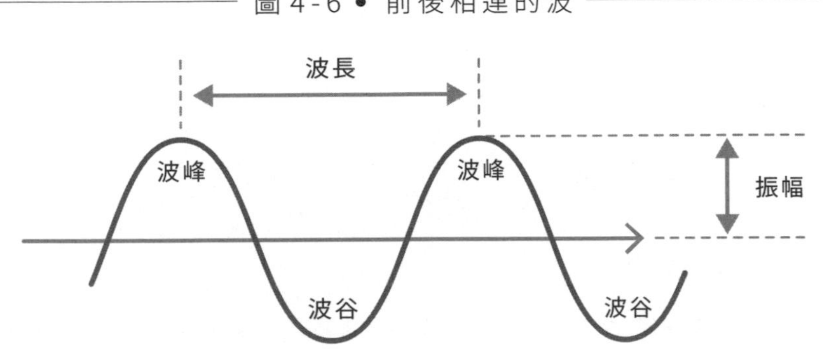

圖中，從波峰到波峰，或者從波谷到波谷的距離，稱為**波長**。除了波長之外，描述波的特徵的用語還包括**振幅**、**速度**以及**頻率**。

如圖所示，振幅就是波峰的高度，或是波谷的深度。速度是波峰或波谷位置的移動速度，也可以視為整個波的移動速度。

以水波為例，水波中的水並不是以水波的速度前進，前進的只有波的形狀而已。每個位置的水（幾乎）只是在上下移動而已。舉例來說，圖4－7中，由實線形狀的波往右移動後會得到虛線形狀的波，波峰與波谷分別移動了半波長（波長的一半）。此時，O點的水面從峰頂的A下降到谷底的B。當波再前進半個波長時，水面就會恢復到原來的形狀，也就是上下振動一次。

圖 4-7 • 波移動時，水面上下振動

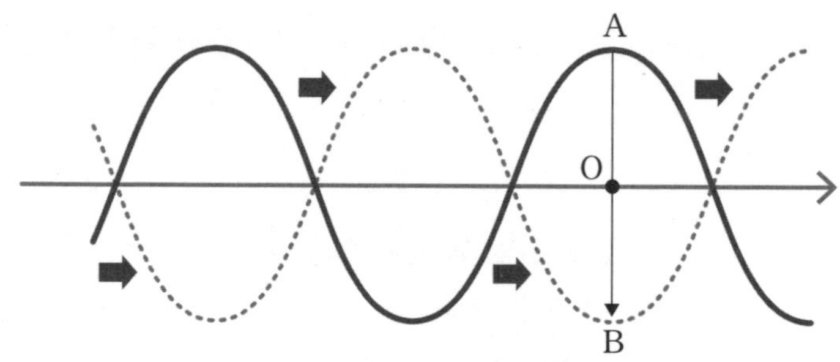

實線波往右移動成為虛線波的過程中，
O點水面會從A下降到B

波前進的速度愈快，（一定時間內的）振動次數就愈多。另一方面，在同樣的速度下，波峰與波峰的間隔愈狹窄，即波長愈短，振動次數也愈多。一般來說，我們會將單位時間（通常是1秒）內的振動次數稱為頻率，故可寫成以下式子

頻率＝波速 ÷ 波長

大致上來說，**波長愈短，頻率就愈大**，請牢記這點。

如果是水面上的水波，那麼只要用眼睛觀察水面的運動，就可以知道波長和頻率了。但當時即使有人主張光是波，也無法說明是什麼東西在振動。19世紀時，許多人認為空間中充滿了某種眼睛看不到的東西（暫稱其為乙太），這種東西的振動就是光的本質。

不過，就算不曉得實際上是什麼東西在振動，在抽象層次上（或者說在數學式上），我們仍可用圖4－7來表示光，描述光的波長、頻率、振幅、速度等物理量。在這樣的框架下，振幅是波的強度，可對應到光的亮度；另一方面，光的顏色則可對應到波長的大小，或是頻率的大小。由上面的數學式可以知道，波長與頻率彼此相關，且光速（或者說真空中的光速）是不隨顏色改變的常數。換言之，我們可以說光的顏色由波長決定，或者由頻率決定。

事實上，紫光波長約為400nm，紅光波長約為700nm。nm讀做奈米，1nm是1mm的百萬分之一（10^{-6}）。1000nm是1mm的千分之一，可見光的波長就差不多在這個長度範圍內。可能你會覺得這個長度很短，不過和原子的直徑0.1nm相比，可見光波長相對長了許多。

圖 4-8 • 可見光的波長與頻率

色	紅	橙	黃	綠	藍	靛	紫
波長	～700nm			～500nm		～400nm	
頻率	～4×10^{14}Hz			～6×10^{14}Hz		～7.5×10^{14}Hz	

1nm ＝ 1奈米 ＝ 10^{-9}m
1Hz ＝ 1赫茲 ＝ 每秒振動1次

至於頻率，波長為600nm的光（設光速為每秒30萬km），頻率是（0.5×10^{15}）Hz。Hz讀做赫茲，表示1秒內振動了多少次。這種振動速度實在快到不可思議。光速是秒速30萬km這種難以想像的速度，可以看出，光的運動難以和我們日常生活中看到的物體運動比擬。

我們可以從一些日常生活中看到的現象，了解到光的顏色差異源自於波長的差異。應該很多人都看過當光線照到肥皂泡或水面上的油膜時，膜上會浮現出各種顏色的現象。這是因為膜反射光的時候，膜外層與膜內層所反射的光產生了干涉現象。

請看圖4－9。假設有2道光線1和2從膜的左上方射入，光線1於膜的下側反射，沿著光線3的路徑射出；光線2於膜的上側反射，沿著光線3的路徑射出。

光線1與光線2原本是同一道光（來自相同光源的光），所以波峰與波谷的位置一致。不過在沿著光線3的路徑射出時，走過的距離有一定差異，所以波峰位置（波谷位置）會彼此錯開。若錯開的程度與波長一致（或者是波長的整數倍），那麼錯開後，波峰仍與波峰重疊，故會產生建設性干涉（光線3變得更明亮）。但要是錯開的程度是波長的整數倍再加上半波長，那麼一個波的波峰就會與另一個波的波谷重疊，產生破壞性干涉，使光線3變暗。

也就是說，波長的整數倍剛好等於膜厚度的色光，會變得更亮。由於膜厚度會隨著位置改變，所以整體會呈現出漂亮的顏色。

圖4-9 • 膜呈現出不同顏色的機制

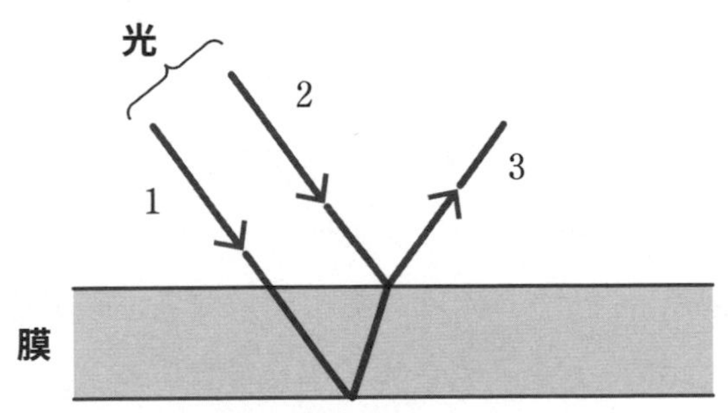

實線1與實線2產生干涉

以上現象是「光是波，光的顏色由波長決定」這個主張的強力證據。牛頓也有在他的書中介紹這種現象，但因為他本身支持的是光粒子說，所以只能用「光的粒子比較特殊」這種現在看來有些牽強的說明帶過。

光是什麼東西的波？

能證明光是波的強力證據愈來愈多，那麼光究竟是什麼的波呢？水面的波是水上下振動的結果；聲音（音波）是空氣分子前後振動的結果。那麼究竟是什麼東西的振動會產生光呢？

於1860年代完成的馬克士威電磁理論，為這個問題提供了（暫時性的）答案。這個理論並不簡單，不過理論中提到的概念十分重要，以下將盡可能利用直觀的方式說明其內容。

首先，從法拉第提出之靜電力（電荷間的力）與磁力（電流或磁石間的力）間的關係開始說明。從很久以前開始，人們就知道電荷之間有靜電力，磁石間會互相吸引、排斥。不過第一個用電場、磁場的概念來說明這些現象的人是法拉第。電荷、磁石並不是直接對目標施力。法拉第認為，電荷會在周圍的空間產生電場，磁石會在周圍的空間產生磁場。日語中也稱為電界、磁界，不過為了強調「場」這個重點，所以物理學家多稱其為電場、磁場。

圖 4-10 • 電場與磁場

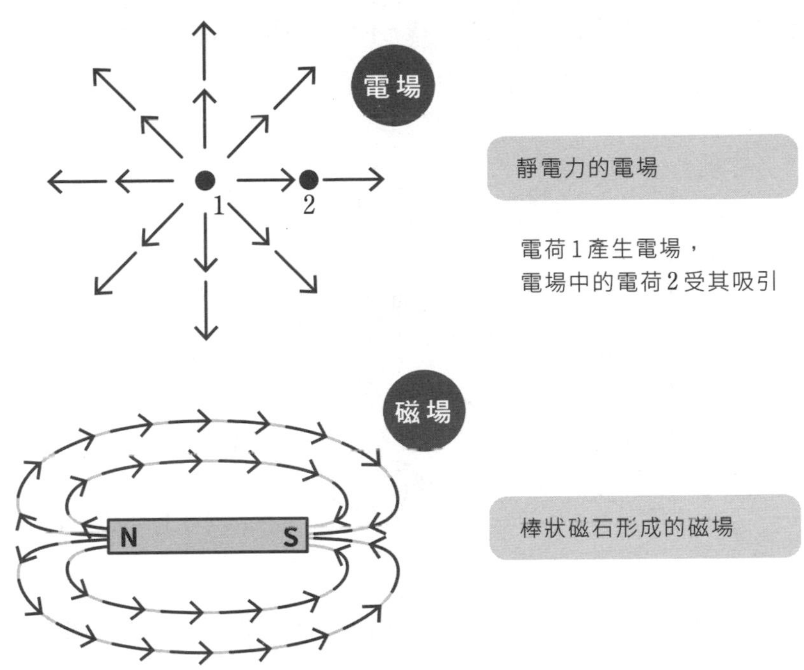

所謂的場，可以想成空間中每個點都有一個數值，這個數值表示某種性質的大小方向。譬如電荷周圍的空間中，每個點都擁有電場這個性質。磁場也一樣。

後來法拉第也發現了電磁感應這種現象。當我們移動磁石時，磁石周圍的線圈就會產生電流。若用場來表現這種現象，可以說明成「磁場的變化可產生電場（故可讓電荷移動，形成電流）」。馬克士威用數學式表示法拉第的想法，將其規則化，並預測了電磁感應的相反現象，也就是「電場的變化可產生磁場」。

而且馬克士威還發現，就算不存在電荷或磁石，變化中的電場與變化中的磁場也會交互作用。也就是說，變化中的電場與磁場可搭配在一起，以波的形式傳播出去。**將空間中各點、各時間點的電場與磁場大小、方向畫成箭頭排列，看起來就像正在動的波一樣。**他將這種波命名為**電磁波**。

下圖4－11就是電磁波的例子。

圖4-11• 電磁波的例子

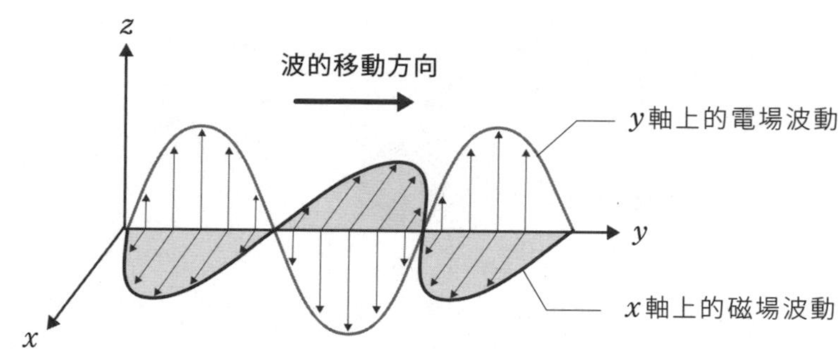

1887年，赫茲證實了馬克士威的主張。赫茲在實驗中用一個火花放電裝置產生電磁波，再用另一個火花放電裝置接收電磁波，證實了電磁波的存在。

馬克士威用他的理論計算電磁波的前進速度，得到電磁波的速度（在真空中）必為固定數值，且和當時測定到的光速相同。於是他認為光（可見光）必定是波長為數百nm的電磁波。因為人眼剛好看得到這段波長的電磁波，所以把它當成「光」來看待。

電磁波的波長並不限於數百nm。有些電磁波的波長可達數m，有些波長甚至比原子還要小。事實上，我們已確認了各種波長的電磁波的存在，並依照波長為其命名。電視的電波（波長從數cm到數m）是一種電磁波，醫療用的X射線（波長約為原子大小）也是電磁波。電磁波在現代文明中扮演著重要角色，如圖4－12的表所示。

圖 4-12 • 電磁波的波長

電波	紅外線	可見光	紫外線
10^{-4}m 以上	10^{-6}m ～10^{-4}m	10^{-7}m 左右	10^{-7}m ～10^{-8}m

X 射線	γ射線
10^{-8}m ～10^{-11}m	10^{-11}m 以下

電波：包含長波、中波、短波、微波等

所以，光就是電場與磁場的波。不過，現在又多了「電場與磁場究竟是什麼？」的問題。可以將其視為空間各點本身的性質嗎？還是說空間中充滿了某種東西（暫稱為乙太），而這種東西的行為表現出了電場與磁場呢？目前的科學界比較支持前者的說法。至少，多數科學家並不認同乙太這種假想中物質的存在。不過，進入20世紀後，愛因斯坦說明了電磁波不只是電場與磁場的波動。我們將在下一章中說明這件事。

PARTICLE COLUMN

光的三原色、色的三原色

前面提到，我們常把光依照波長分成7種顏色，也就是彩虹的7種顏色。另一方面，各位應該也有聽過「光的三原色」（紅、藍、綠）這個詞吧？也就是說，將3種顏色的光以特定比例組合，就可以重現出所有顏色。事實上，電視螢幕上就埋藏著無數個「點」，點可分為3種，每種點可發出1種色光。調整3種點的明暗比例，就可以產生各種顏色。光明明可以分成7種，為什麼只要3種光就可以組合出各種顏色了呢？

這完全是人類視覺造成的。人類視網膜上有3種視錐細胞，分別對紅光、綠光、藍光最敏感。當我們看到黃光時，紅光視錐細胞與綠光視錐細胞的反應較大，此時大腦會將其識別為黃光。當3種視錐細胞的反應程度相同時，大腦便會將其識別為白光。每種生物的感光細胞種類各有不同，譬如鳥類就多了一種對紫光特別敏感的視錐細胞，故可識別出紫外線。

另一方面，你可能也聽過「色的三原色」。一般來說，顏色的三原色指的是洋紅（magenta）、青（cyan）、黃（yellow）。以黃色物質為例，黃色物質主要吸收的是光的三原色中的藍光，反射紅光與綠光，紅光與綠光混合後會讓我們看到黃色，所以黃色物質會呈現出黃色。同樣的道理，青色物質會吸收紅光、洋紅色物質會吸收綠光。

第 5 章

光的歷史Ⅱ

光是粒子

由前一章可以知道，我們已有充足的證據證明光不是粒子，而是波。當時的人們對此沒有任何疑問。事實上，從19世紀末到20世紀初，人們都是這麼想的。

不過後來事情變得愈來愈複雜。科學家仔細研究後發現，光的某些性質說明，它可能是一群粒子的集團。原子、電子等概念也影響到人們對光的看法，使新的物理學於20世紀誕生。本章一開始，先讓我們來說明關於光的新發現。

空腔輻射之謎

將物體加熱到高溫時會開始發光。也就是說，物體可以自發性地發出可見光。不過前一章中我們也提到，可見光只是一種電磁波而已。即使物體的溫度沒那麼高，也會釋放出紅外線等眼睛看不到的電磁波。使用紅外線攝影機等裝置的情況下，就可以用紅外線拍下被攝物體的照片。紅外線又叫做熱輻射，只要是有熱度的物體（就算沒那麼熱），就一定會放出紅外線。

物體冷卻時，放出的電磁波波長（平均而言）會變長，也就是頻率會降低，這本身是理所當然的現象。物體冷卻時，內部原子的運動也會變慢，較難釋放出頻率大的電磁波，這麼想就可以了。

不過，物體較難釋放出電磁波，就意味著該物體也較難吸收電磁波。以下會用「**被牆壁圍繞著，什麼都沒有的空間（稱為空腔）**」為例來說明。如果牆壁沒那麼熱，就比較不會釋放出高頻率的電磁波。牆壁可能會在偶然之下釋出一些些高頻率電磁波，卻很難再吸收高頻率電磁波。最後，只會有一定量的高頻率電磁波充滿空腔內部。這些電磁波會在牆壁與牆壁間來回（穿過牆壁離開空腔的電磁波量，與從外界闖入的電磁波量相同）。

圖5-1● 空腔輻射的矛盾

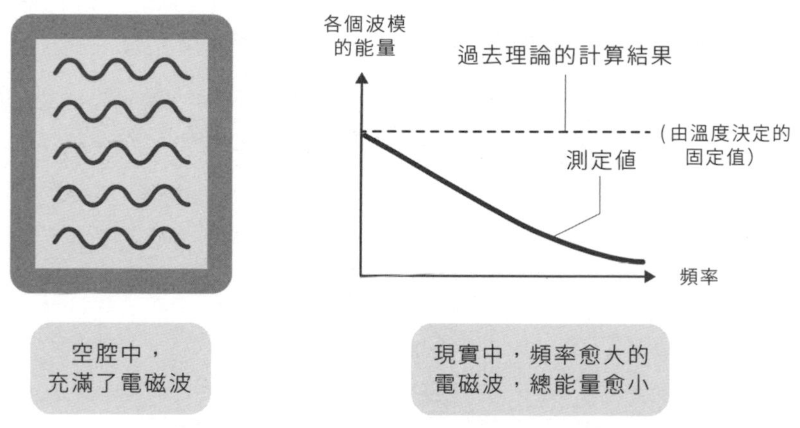

那麼，這個空腔內有多少電磁波呢？或者說，各頻率電磁波分別有多少能量呢？

由當時（1900年左右）的熱學理論可以推導出，**空腔內特定頻率電磁波的能量，與電磁波的「波模」無關**（所謂的波模（mode），指的是特定「頻率」與「前進方向」的電磁波）。這叫做**能量均分定律**，不只適用於電磁波，也適用於原子的運動。這是用當時的理論，推導出來的嚴謹定律。

頻率較大的電磁波，振幅較小，頻率與振幅的效果會達成平衡，使空腔內各個波模的電磁波擁有一定數值的能量。這裡的「一定數值」會隨著牆壁的溫度下降而減少，不同頻率的電磁波，能量會一起下降，最後仍保持彼此相等。這是該定律的重點。

但如此一來，就會推論出奇怪的結論。電磁波的頻率沒有最大值。頻率要多高有多高，波模要多少有多少。換言之，波模有無限多種，如果各個波模的能量都是一定數值的話，空腔內的電磁波總能量就會變成無限大。

當然，不可能有這種事。事實上，測量從熔礦爐的窗戶釋出的各頻率電磁波能量時，會發現頻率愈大的電磁波，能量愈低。於是，總能量當然是有限的。也就是說，當時的物理學理論有某些錯誤。這又叫做**空腔輻射問題**，在1900年前後困擾了許多物理學家。

愛因斯坦的答案

愛因斯坦就這個問題做出以下回答。假設**電磁波的頻率變大時，振幅不能無限趨近於零**。也就是說，頻率很大的電磁波，無法（透過縮小振幅）減少能量。

這麼一來，高頻率電磁波的能量就會超過前面提到的，用理論預測的「一定數值」。故可想像，物體根本就不會釋放出高頻率的電磁波，這樣問題就解決了（事實上，愛因斯坦說明時用了複雜的數學工具，這裡僅用直觀方式說明其物理主張）。

愛因斯坦發現，只要空腔內各個頻率的電磁波能量符合以下條件，就能符合實驗結果。這就是著名的**光量子假說**。簡單來說

愛因斯坦的光量子假說　頻率為 ν 的電磁波，能量必為 $h\nu$ 的整數倍（ h 為某個常數）。

電磁波的振幅必須滿足這個條件。

後來，科學家們也順從愛因斯坦的習慣，用希臘字母 ν（nu）來表示頻率。本書的 ν 主要用來表示微中子（neutrino），但也會依循科學界的習慣，用 ν 表示頻率。

事實上，$h\nu$ 可以說是物理學界最有名的數學式之一。不過，頻率的 ν（大概）只會在本章與下一章登場。而當我們要表示微中子時通常會添加下標，寫成「ν_e」，所以應該不會搞混才對。

另外，量子（quantum）這個詞的意思原本是「小小的塊狀物」。光量子假說認為，光的能量會以 $h\nu$ 這種小小的塊狀物為單位增減。

到這裡，應該可以了解光量子假說與空腔輻射的關係了吧。如果這個假說是對的，那麼**頻率為 ν 的電磁波，最小的能量就是 $h\nu$**。因此，當 ν 愈來愈大，使 $h\nu$ 超過由溫度決定「一定數值」的話，就不會釋放出該頻率的電磁波。如此一來，便可解決空腔輻射問題。

然而，雖然光量子假說可以解決空腔輻射的問題，光量子假說本身又該如何證明呢？

愛因斯坦雖然沒在一開始的論文中清楚說明，他的想法卻顯而易見。

簡單來說，頻率為ν的電磁波，由一群能量為$h\nu$的粒子組成。假設這些粒子共有n個，那麼總能量就會是$h\nu \times n$（n為整數）。

這種粒子現在被稱為**光子**（photon）。photo是光的意思，-on則是表示粒子的後綴詞。順帶一提，光量子的英語是light quantum（源自德語的Licht Quantum），與photon是截然不同的詞。

普朗克與普朗克常數h

前面提到光量子假說時登場的h這個常數，是普朗克於1900年時，為了說明空腔輻射而提出的符號，現在稱為**普朗克常數**。愛因斯坦於1905年時發表的論文中雖然沒有用到這個符號，不過現在$h\nu$已經是每一本書都會使用的寫法，所以本書也會這麼寫。

具體來說

$$h\text{（普朗克常數）}=6.62607004\times 10^{-34}\ [\mathrm{m^2kg/s}]$$

以普通單位表示的話是非常小的數值，總之請記得它是一個非常小的數值就好。在物理學中，普朗克常數的重要性可以和光速c並列，甚至還被用來定義1kg的大小。

那麼，普朗克在1900年時，是打算用h來說明什麼呢？普朗克與愛因斯坦一樣，想解決空腔輻射問題，不過他不是把焦點放在電磁波，而是放在釋放出電磁波的原子。不過，那個年代還沒有完全確定原子的存在，所以他將釋放出電磁波的東西稱為共振子（後來在他留下的筆記中提到，他當時想說的是原子、分子等粒子）。

他認為，共振子（原子）的運動受到限制，所以共振子釋放出來的電磁波能量也被限制在「$h\nu$ 的整數倍」。這項主張被稱為**普朗克量子假說**。因為在電磁波領域中，已有馬克士威理論這個已被確立的理論，所以普朗克不打算把這個概念往電磁波的方向延伸。

結果，認為量子化的原因出在電磁波本身的愛因斯坦是正確的。不過，普朗克的量子假說也適用於後來由波耳提出的原子內電子模型，在量子力學的建構過程中扮演了重要角色。因此，普朗克被稱為量子力學之父。順帶一提，普朗克也是一開始就認同了愛因斯坦的狹義相對論，並協助其發展的重要人物。

PARTICLE COLUMN

愛因斯坦的三大奇蹟成就

光量子假說是1905年時，年僅26歲的愛因斯坦提出的理論。1905年是相當著名的一年，這一年愛因斯坦發表了奇蹟般的三大論文，除了前面提到的光量子假說，還有狹義相對論以及布朗運動理論。狹義相對論是關於時間及空間的理論，地位與光量子假說並列，對基本粒子物理學有決定性的影響。我們將在第252頁簡單說明狹義相對論。

第3個論文與布朗運動有關。布朗運動是水面上的微小粒子被水分子的細微運動（熱運動）推動時，在水面上的移動過程。1910年左右，佩蘭的實驗證實了愛因斯坦的理論，並在最後確定了原子的存在（相關成就可參考拙作《愛因斯坦26歲時的三大奇蹟成就》（書名暫譯，Beret出版））。

順帶一提，讓愛因斯坦在大眾之間一舉成名的廣義相對論，在約10年後的1916年發表。我們將在第253頁簡單介紹廣義相對論。

光電效應

在愛因斯坦提出光量子假說的1905年，幾乎已經確定了光是波的概念，因此很難立刻接受光量子假說。所以在愛因斯坦最初的論文中，下意識地避免主張「光是粒子」，隨著各種實驗結果的出爐，才開始認同粒子說。

光電效應是另一個光量子假說有關的著名現象。有人說愛因斯坦是因為看到光電效應，所以提出了光量子假說，但事實並非如此。對愛因斯坦來說，重點還是在於空腔輻射的解釋。不過在1905年論文的後半，愛因斯坦列舉出了可以強化光量子假說正確性的3種現象，光電效應就是其中之一。

當時，光電效應的觀測結果仍相當不明顯，還不足以成為光量子假說的強力證據，不過已經可以看出實驗結果有一定傾向，所以愛因斯坦還是把它列了上去。而愛因斯坦的主張也在1915年的密立坎實驗中獲得明確的證實。

光電效應與光量子假說的關係十分清楚，愛因斯坦也因此獲得1921年的諾貝爾獎。了解光電效應對本書接下來的討論有很大的幫助，故說明如下。

光電效應是金屬被光照到之後，電子飛出的現象。金屬內存在結合力相對較弱的電子（自由電子），飛出來的就是這些電子。而電子會在什麼樣的條件下飛出？如何飛出？其中特別重要的是，改變光（可見光）的「亮度」與「顏色（頻率）」時，結果會如何變化？

實驗結果可大略整理如下。

特徵1：當波長大於某一臨界值（頻率低於某一臨界值）時，即使光線再亮也不會有電子飛出。

特徵2：波長愈短（頻率愈大），飛出來的電子能量（速度）愈高。

特徵3：光線愈亮，飛出的電子數目愈多（每個電子的速度仍保持不變）。

圖 5-2 • 電子吸收光（光子）後飛出

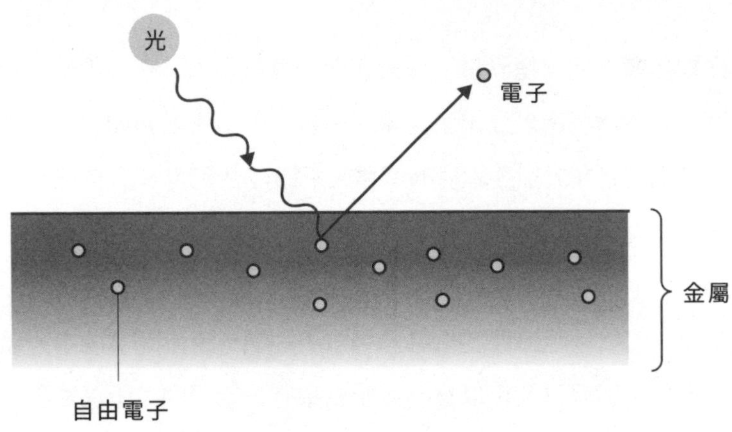

為了方便說明，這裡就先假設我們接受光量子假說，將光視為一群能量為 $h\nu$ 的光子集團。首先，假設光電效應中的金屬被光照到時，自由電子會吸收1個光子，獲得 $h\nu$ 的能量，飛出金屬本體。事實上，自由電子吸收多個光子的可能性並不是零，但這是非常罕見的現象，所以請暫且忽略這些現象。

若想理解光電效應的特徵，除了要先接受光子的能量是 $h\nu$ 之外，金屬內電子的功函數也很重要。

物質內的電子飛離該物質時需要的最低能量，稱為該電子的功函數。也就是電子欲脫離原子的束縛時，所必須的最低能量。想像一個落入凹洞的玻璃珠，功函數就像是玻璃珠欲逃離凹洞時需要的能量。

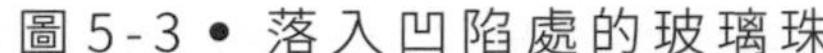

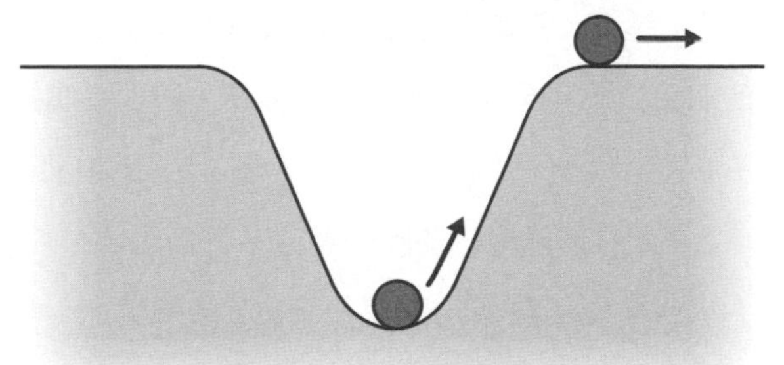

如果電子獲得的能量和功函數差不多，那麼飛出的電子就幾乎沒什麼速度。如果電子獲得的能量比功函數大很多，飛出的電子就會具備很快的速度。

飛出電子的能量（速度）
＝電子獲得的能量 － 功函數

相反的過程也很重要。假設遠方的電子被原子核吸引過來與之結合，此時電子會釋放出相當於功函數的能量。如果不釋放這些能量，落入原子的電子就會因為速度過快而再度離開原子。這個情況同樣用落入凹洞的玻璃珠來比擬，就會比較容易理解。要是落入凹洞的玻璃珠沒有失去速度，就會再衝出凹陷處。

也就是說，原子核與電子結合時會釋放出相當於功函數的能量，故結合後的能量會比原子核與電子分離時（此時的電子不具備速度）還要低，且這2種狀態的能量差就等於功函數。

話題回到光電效應。飛出的電子原本並沒有和金屬內的特定原子結合，而是在金屬內部自由移動，與整個金屬結合。這種電子稱為自由電子。金屬之所以可以導電，就是因為自由電子的存在。

自由電子的功函數與可見光的光子能量相仿，所以金屬被可見光照射到時，自由電子會逕自飛出。不過，頻率 ν 太小，$h\nu$ 比功函數還小的可見光，就沒辦法給電子足夠的能量，使其離開原子。

了解以上內容後，就不難說明光電效應的3個特徵了。電子一開始被束縛在金屬中，若要逃離金屬，必須獲得一定程度以上的能量才行。也就是說，要是光子的 ν 沒有大於某個數值，就算被再多光子照射到，電子也不會飛出（特徵1）。再來，ν 愈大，吸收了光子的電子就會獲得愈多能量，飛出時的速度也愈快（特徵2）。最後，在不改變光的顏色的情況下增加亮度，也就是在不改變單一光子能量的情況下增加光子數，可以增加飛出的電子數（特徵3）。如同我們前面提到的，這些特徵都在1915年的密立坎實驗中獲得明確證據。

其他能證實光量子假說的現象

有些日常生活中常見的現象，也和光量子假說有關。

譬如紫外線會讓皮膚曬黑，紅外線卻不會。所謂的曬黑，可視為「皮膚內分子因外來光子的撞擊而分解」的現象，這樣應該不難理解為什麼紫外線會曬黑皮膚，可見光卻不會了吧？因為紫外線是頻率比可見光還要大的電磁波。

人類可以看到來自遠方的星星，也是「光是粒子」的證據。如果光是波，那麼星星發出的光波能量會往四面八方擴展出去，變得十分微弱，弱到人眼視網膜分子偵測不到。不過，如果光的能量是由一個個光子集團攜帶，那麼只要有一個光子進入眼睛，與視網膜分子反應，人眼就能看到遠處的星星。

1923年時，康普頓與德拜兩人觀測到光撞上電子後彈開的現象，這才說服了多數人相信光是粒子。他們觀察光被彈開後的頻率變化（也就是光子的能量變化），以及電子被撞到後的運動變化，發現與2個粒子碰撞的情況相同。這種現象現在被稱為**康普頓散射**。

圖5-4 • 康普頓散射

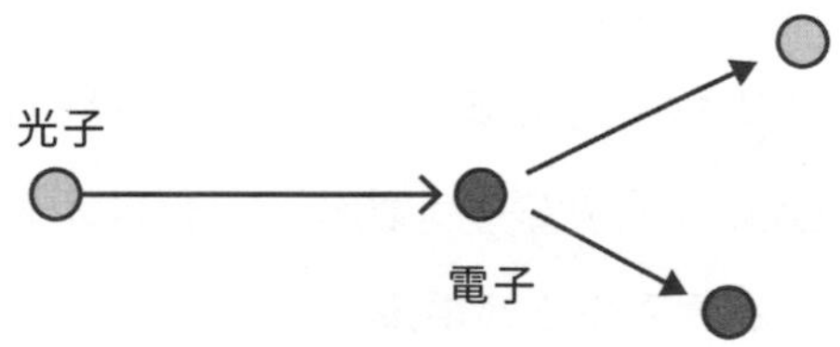

光子撞上電子的時候會推動電子，
光子也會改變運動方向，並降低頻率

光子是波？

——現代版的楊格實驗

綜上所述，如果光是粒子的集合，那麼前一章提到的「光是波」的主張又該如何處理呢？光的干涉現象難道不是「光是波」的鐵證嗎？

有些人會這樣解釋「光是一群粒子（光子）的集合，這群粒子的波動就是光波」，就像音波是一群空氣分子的波一樣。但這種解釋並不正確。光（電磁波）是電場與磁場的波，卻不是光子的波。硬要說的話，光子本身就是波。

有個耐人尋味的實驗說明了這件事。請回想一下展示出光的干涉現象的楊格實驗（雙狹縫實驗，第52頁）。楊格在19世紀的實驗中，用的光是眼睛看得到的明亮光線，也就是一大群光子。也難怪會有人會覺得是光子的集團有波的行為，進而產生干涉現象。

試想，當光的強度愈來愈弱時，會發生什麼事呢？現代技術讓我們可以把光子一個一個發射出去，產生極其微弱的光源。如果用這種光源來做雙狹縫實驗的話，會有什麼結果呢？（有團隊上傳了實際實驗影片，請一定要親自看一遍→「單一光子的楊格干涉實驗（単一フォトンによるヤングの干渉実験，HAMAMATSU PHOTONICS）」）。

實驗過程中，光源會發射一個個的光子，穿過板子上的雙狹縫，然後抵達後方屏幕，留下痕跡。1個光子在屏幕上留下的痕跡是1個點，我們可藉此確認一次只有1個光子粒子穿過雙狹縫。因為1個光子只會形成1個點狀痕跡，所以不會形成條紋圖樣，但我們也沒辦法從1個點狀痕跡判斷出是否有發生干涉現象。

然而，隨著實驗的進行，一個個光子飛過雙狹縫，在屏幕上留下一個個點狀痕跡後，卻發現這些點狀痕跡會排列成條紋圖樣，就像19世紀時的楊格實驗結果。

由前章說明可以知道，干涉條紋是來自2道狹縫的波重疊在一起時產生的圖樣。要產生干涉現象，必須同時存在2個（或2個以上的）波源才行。然而現代版的雙狹縫實驗中，光子會一個個穿過雙狹縫，理應不會受到其他光子的影響才對，最後卻會產生干涉條紋。這表示**1個光子有2種狀態，分別對應到穿過2個狹縫時的情況**（「狀態」這個詞沒有明確定義，是個曖昧不明的概念）。

過去人們對粒子的基本概念中，在某個時間點，粒子只能存在於1個位置。粒子的位置會隨著時間的經過而改變，我們可以用線來表示粒子移動的軌跡。但這個實驗中，光子卻能在移動的過程中，同時感覺到2個彼此有一定距離的狹縫。若一定要用線畫出光子的軌跡，就得假設這個光子同時擁有2條軌跡，分別通過2道狹縫，這樣才會產生干涉現象。而這種干涉行為，居然能讓光子自行避開條紋圖樣的黑暗部分，所以在光源發射許多個光子後，留下的痕跡才會排列成條紋圖樣。

然而，1個粒子不可能同時擁有多條軌跡。事實上，物理學家們對這個實驗結果的意見並不一致。愛因斯坦主張光由一群光子組成，卻不認為光子是傳統意義上的粒子。只有用20世紀出現的新粒子模型，才能解釋這種粒子的行為。

但是，「20世紀的新粒子模型」究竟是什麼呢？這也成為了人們爭論的一大重點。至少，看似「同時存在於多個位置」的現象，在新的粒子模型中，應該描述成「粒子同時有多種狀態共存，不同狀態的粒子分別位於不同位置」（1種狀態下，1個粒子只會存在於1個位置。但狀態有很多種）才對。我也傾向支持這種想法，但也有不少人認為，針對觀測不到的微小粒子，不應去描述它的存在位置，或者說，「粒子存在於何處」的問題本身就沒有意義。本書並不會深入討論這個問題（因為沒有必要），下一章中，我們將討論一些與電子有關的話題。

圖 5-5 • 1 個光子的干涉實驗

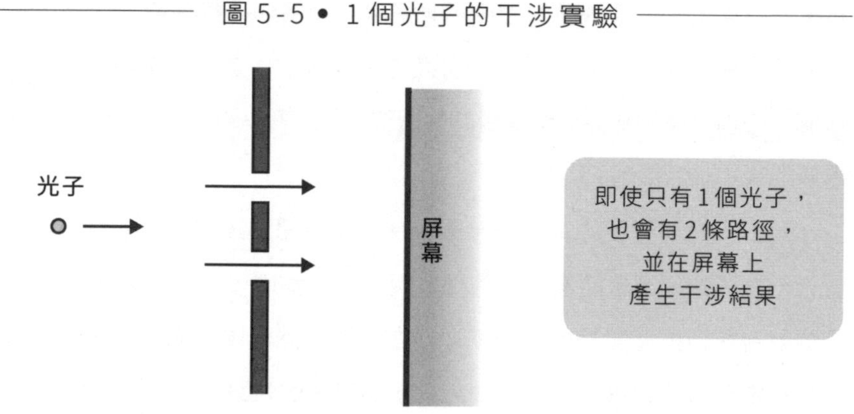

PARTICLE COLUMN

如何解釋新的粒子樣貌（量子力學）

接著要談的話題與本章及下一章正文內容有關。前面提到光是粒子，而且是藉由「20世紀對粒子的新定義」所定義出來的粒子。下一章中，我們仍需藉由這種粒子的新定義，說明電子與其他基本粒子的性質。

量子力學就是基於這種新的粒子樣貌建構出來的物理學。之前我們也曾提到，這種「新的粒子樣貌」的詮釋方式，至今仍是學者們爭論的重點。這並非表示量子力學是種不可靠的學問。量子力學的計算方法十分清楚，在高精度的標準下，計算結果和觀測結果仍相當一致。也就是說，結果並沒有問題（雖然不是完全沒有問題），但在說明計算過程對應到現實中的哪個程序時，各方意見並不一致。

我也有我的主張，我屬於所謂的多世界詮釋派。我們用「粒子雖然只有1個，卻有著多種狀態共存」來說明量子力學的現象。不過，光是這樣還不足以說明為什麼雙狹縫實驗中，單次實驗（看起來）只能觀測到粒子（光子）存在於1個位置。於是，我們可以假設世界其實有很多個，即「多個世界」同時存在，而且不會互相影響，也就是所謂的平行宇宙。

相對於此，另一派認為，粒子在被人類觀測到之前，無法確定其位置與狀態。這是量子力學剛登場時就有的主張，是「標準詮釋」或稱「哥本哈根詮釋」的骨幹（下一章登場的波耳就是這個詮釋的主導者）。事實上，一般量子力學的教科書通常只會介紹哥本哈根詮釋，至少在說明量子力學的具體計算時，這樣就夠了。但值得一提的是，愛因斯坦認為這2種詮釋方式都不對。

這個問題是我個人的專業，不過本書不打算深入這個問題。這裡就讓我宣傳一下，如果有興趣的人，可以試著讀讀看我前一陣子寫的《量子力學所描述的世界圖像》（書名暫譯，Bluebacks）。另外，不久前《量子力學的詮釋問題：以多世界詮釋為核心》（書名暫譯，SAIENSU社）一書終於付梓，不過如果對量子力學沒有一點研究的話，讀這本書應該會有些困難。

第 6 章

新的物理學
量子力學

新的粒子樣貌的2個特徵

愛因斯坦一開始相當克制，把粒子化的光子稱為光量子，將其視為能量的塊狀物。後來則很乾脆地視其為一種粒子，稱為光子（photon）。不過，這種粒子是新定義下的粒子。而這種新的粒子定義，於20世紀後才出現。

我們在前一章的最後有稍微說明過新的粒子樣貌。前一章中提到，一般來說，粒子在某特定時刻下的位置並不確定。譬如在位置A以某種狀態存在，同時在位置B以另一種狀態存在之類，多種狀態同時存在。前面也有提到，許多人反對這樣的說明，所以在繼續閱讀以下內容的時候，請記得許多人並不同意這些說法。

即使多種狀態共存，也不表示每種狀態都一樣重要。有些狀態的存在程度比較大，有些比較小。

如果將存在程度（共存度）圖示化，會得到像波一樣的圖形，這也表示了粒子有波的性質（會引起干涉現象）。「存在程度」可能是正數，也可能是負數，而且一般情況下應該是複數。用過去的粒子概念來看的話，很難理解這種概念，不過這裡我們不打算繼續深入討論，請把它當成「天生如此」，不要細究其原理（有人將其絕對值的平方視為存在機率，但這並不正確）。

新的粒子樣貌還有另一個還沒說明的性質（第二性質），那就是粒子會以多種方式生成、消滅。電磁波（光）會被物質，譬如某個電子或其他粒子釋出，或者被這些物質吸收，這個應該不難理解。而如果把電磁波視為光子的集團，就表示這些物質可以生成光子或消滅光子。而且不只是光子，各種粒子的生成、消滅，就是理解20世紀基本粒子物理學的出發點，也是下一章以後的主題。

事實上，下一章開始講述內容就會以第二性質為主，只有本章會以第一性質，也就是「多種狀態的共存」為核心主題，說明為什麼這種共存狀態會產生波的現象。

原子結構的2個疑問

第4章與第5章的主題是光與光子。這裡讓我們再把話題拉回第3章的原子。第3章（第38頁）中我們提到，原子由位於中心的原子核與其周圍的電子構成，但當時的人們想不透電子如何在原子核的周圍運動。如果電子繞著原子核旋轉的話，就會持續釋放出電磁波，進而失去速度，墜落至位於中心的原子核（使原子毀滅）。那麼，為什麼現實中不會發生這種事呢？

換個方式來問，原子內似乎有所謂的最低能量狀態（**基態**），電子的能量不會低於這個狀態，那麼，為什麼會存在這種狀態呢？

還有一個疑問。原子內的電子並非不會釋放出電磁波（失去能量）。事實上，電子會釋放出電磁波，而且假設電磁波頻率為 ν ，那麼電子就會失去 $h\nu$ 的能量。

換言之，電子會透過這種方式改變自身能量（稱為躍遷）。另外，原子吸收頻率為 ν 的電磁波時，電子能量會增加 $h\nu$ 。事實上，原子內的電子會放出或吸收多種頻率的電磁波（光子），我們可透過觀察這些電磁波的頻率，推斷原子內的電子擁有多少能量。

雖然用「擁有多少能量」的方式描述，但如果原子結構類似太陽系的話，電子又是用什麼形式擁有這些能量的呢？與其說是太陽系，用地球與人造衛星來比擬應該比較好理解吧。只要適當調整人造衛星的速度，就能讓它在繞著地球轉時，保持在任何想要的高度。換言之，人造衛星的能量（速度）或高度並沒有被限制在某些特定數值（假設我們可以任意調整它的高度）。

同樣的，由過去的力學看來，原子內的電子所擁有的能量也沒有被限制在某些特定數值。

但實際上觀測原子所釋放或吸收的電磁波頻率，會發現電子所擁有的能量數值有無限多個可能，但並不是任意數值都行。電子的能量只能是某些特定數值，這些數值彼此分離，屬於離散數值而非連續數值。

最後，在拉塞福進行實驗的1910年，科學家發現有2個無法以過去的力學解釋的現象，整理如下

問題1 ：原子為什麼不會毀滅？

問題2 ：原子內的電子能量為什麼是離散數值？

波耳的量子條件

為了解決上述問題，科學家們在過去的力學框架上附加了新的條件。也就是說，在過去的力學框架下可能發生的運動行為，要是沒有滿足特定條件，就不會真的於現實中實現。就像普朗克為放出光之粒子的運動設下限制，藉此解決輻射光的問題（普朗克量子假說，第69頁）一樣，波耳也為原子和周圍的電子運動設下了類似條件，稱為**波耳的量子條件**。

加上這個條件後，在原子核周圍運動的電子只能擁有某些特定的能量數值，且這些數值為離散數值。另外，還存在所謂的最低能量的運動狀態（基態）。

如此一來，便能解決以上2個問題。問題2的解法應該相當清楚吧。而且，因為電子的運動有所謂的最低能量狀態，這種狀態下的電子無法再失去（釋出）能量，所以無法轉變成其他運動狀態（因為波耳條件不允許這種運動狀態）。換言之，電子不會墜落至原子核，原子不會因而毀滅，於是問題1也能跟著解決。

接著，科學家試著計算滿足這些條件的動能（但只有擁有1個電子的氫原子可以計算出精確數值）。幸運的是，計算出來的數值與觀測值相當吻合。

然而，波耳條件實在過於突兀，雖然是參考自普朗克的理論，但普朗克的理論本身就相當突兀，難以提出具備足夠說服力的證據。

這時登場的就是下一節中會提到的德布羅意物質波假說（1923年），這和前一章中提到的新的粒子框架也有關係。

德布羅意的物質波假說

如同前一章與本章開頭提到的，愛因斯坦提出的光子這種粒子，只能用新的粒子框架來理解。而德布羅意認為，電子（以及所有的微小粒子）或許也和光子一樣，需要用新的粒子框架來理解才行。

在新的粒子框架中，粒子的位置不是一個點，而是一個範圍。粒子在這個範圍的存在情況，可以用一個波來表示。

前面提到，波可以用來表示粒子各種狀態的共存程度，不過這裡不需要想得那麼複雜。只要了解到每個時間點的粒子狀態都可以用波來表示，就能明白接下來會提到的內容。構成物質的電子擁有波的性質，這種波稱為**物質波**。

事實上，德布羅意當初對這種波的解釋方式，並不被目前的學界接受。前面提到波是用來表示「共存程度」的量，這是後來才出現的現代觀點。如果不是特別關心量子力學歷史的人，這些故事並不重要。所以這裡只要理解到，就像粒子狀態可以用波來表示一樣，我們也可以用數學式表示粒子狀態就行了。

德布羅意的主張的重點在於，如果將電子想成物質波，就可以適用波耳提出的條件。首先，假設電子會繞著原子核做圓周運動。如果電子是傳統意義上的粒子，可以想像這個粒子在圓周上繞行；如果電子是波，則可以想像這個波在圓周上擺動。

這裡德布羅意使用了愛因斯坦光量子假說中的關係式。光量子假說中，光子的能量與頻率成正比。因此當波長愈短時（即頻率愈高時），光子的能量就愈大。我們可以用同樣的觀點說明電子與物質波，物質波的波長愈短，電子的能量就愈大。經推導後可發現，**電子的速度和對應的物質波波長成反比**。

下方圖中描繪的是圓形軌道上的電子的波。已知這個電子波和原子核之間的距離，所以用傳統的力學知識就可以解出電子的速度。知道速度之後，就可以計算出前述的波的波長。德布羅意認為，圓形軌道的長度（即圓周 $2\pi r$）應為波長的整數倍。假設波長是 λ（lambda），那麼它的整數倍就是 λ、2λ、3λ、……等。

圖 6-1 • 德布羅意條件

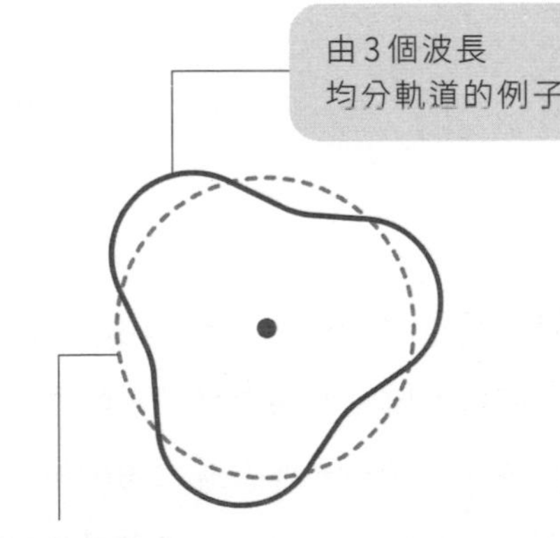

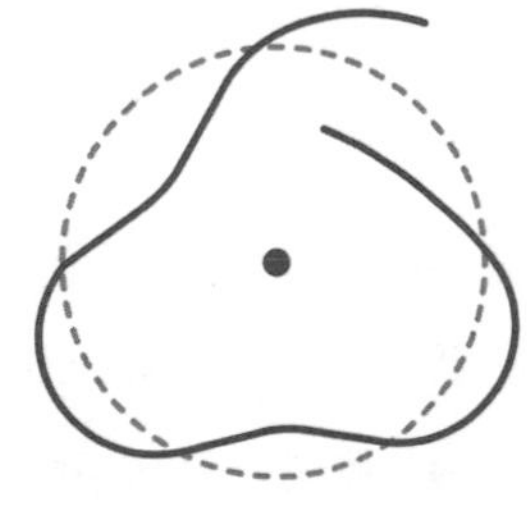

這種解釋方式應該很好理解吧。如果沒有滿足這個條件的話，電子繞一圈時，波就無法回到初始位置。若無法回到初始位置，軌道上各點的波動幅度就不固定。電子的狀態由波的形狀決定，由這個新觀點看來，「各點有固定的波動幅度」可以說是「穩定的電子狀態」的必備條件。

古典力學的運動中，圓周長一般不會是波長的整數倍。換言之，德布羅意認為符合這個條件而被挑選出來的特殊軌道，才會符合波耳量子條件。

能量改變時，軌道長度（圓的半徑）也會跟著改變。這個概念可能不好理解。簡單來說，最內層的軌道長度等於1個波長、往外一層的軌道長度等於2個波長，依此類推，愈外側的軌道，能量愈高。這樣就可以說明為什麼存在所謂的基態（對應到長度等於1個波長的軌道），且能量數值是離散的數值。

夾在牆壁間的情況

讓我們用比原子更簡單的模型來說明德布羅意的想法吧。假設有1個粒子被關在右頁圖AB之間的線上，這個粒子只能在線上移動，故為一維模型。兩端為牆壁，粒子無法逃到牆壁外側。原子的外圍並沒有明確的牆壁，但考慮到電子無法逃離原子這個條件，從數學的角度看來，就像是原子外圍有牆壁一樣。

試著思考這個模型中會存在什麼樣的物質波。兩端是波的終止處為模型條件，所以波在兩端的位置固定不變，即大小為0。在這個條件下，可能出現的波可依波長長度排序如下方圖6－2

圖6-2 • 存在於牆壁之間的波

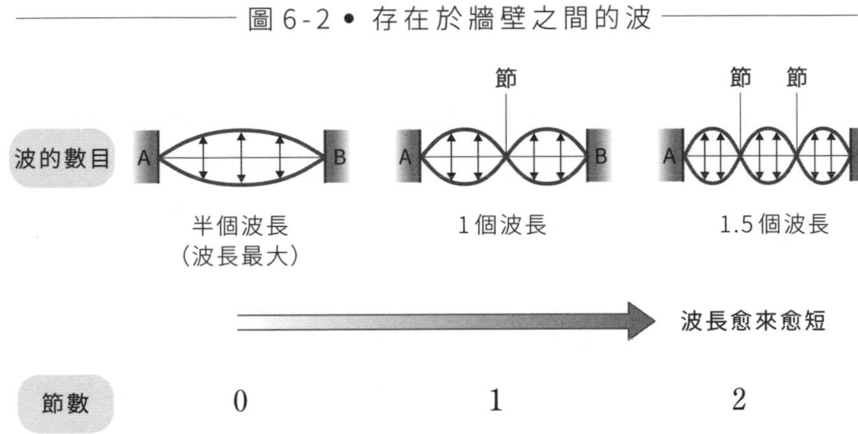

從圖的左邊開始，分別是半個波長的波、1個波長的波、1.5個波長的波，波長愈來愈小。波長愈小，頻率愈大，所以波的能量由左而右依序增加。

考慮到這點，可得知最左邊的波是能量最低的狀態（基態），愈往右，能量會一級級往上增加。

能量大小可對應到波節的數目，這點應該不難理解（這種概念數學上也是對的）。在這個例子中，由左而右，波節一個個增加，能量也跟著增加。這和原子的情況一樣，波節增加時，該狀態下的能量也會跟著增加。這樣就不用再去討論波長增加或減少對能量的影響，在理解上方便許多。

薛丁格方程式

電子也和光子一樣，是新框架下的粒子。這個由德布羅意提出的想法十分大膽。此時他還是個研究生，據說他的指導教授朗之萬將他的博士論文送一份給愛因斯坦，尋求愛因斯坦的意見。愛因斯坦對此很感興趣，在回信中表達善意。

不過，如果電子的狀態真的是波，如圖6－1般只在單一軌道上運動的話，實在不怎麼合理。波沒有理由被限制在一條線上，一般來說，應該會認為電子在三維空間的範圍內波動才對。而決定這個三維空間的波的方程式，就是**薛丁格方程式**。薛丁格從過去的力學理論中推論出這個方程式（1926年）。這個薛丁格的新理論被稱為**波動力學**，或是你我熟知的**量子力學**。

還有人用其他方式推導出了量子力學。波耳的同事（就像他弟弟一樣的）海森堡將牛頓的運動方程式推廣成矩陣的方程式，相關理論稱為**矩陣力學**，乍看之下和薛丁格的波動力學大不相同，但後來發現它們在數學上等價。因此所謂的量子力學，通常包含了波動力學與矩陣力學。這是取代了牛頓傳統力學（古典力學）的新理論。此外，古典力學與量子力學的差別，在於電子、光子等微小粒子的行為。也就是說，量子力學並沒有全盤否定古典力學。

PARTICLE COLUMN

使用電子的現代版楊格實驗

「電子與光子為同一類物質」的想法十分大膽，不過在量子力學登場後，這個想法在理論上便說得通。而現實世界中，科學家們也陸續確認到許多可以佐證量子力學的現象，包含原子的行為。其中，有項實驗明確證實了電子是20世紀框架下的粒子（也就是擁有波的性質的粒子），就是使用電子的現代版楊格實驗（雙狹縫實驗）。

我們在前面的第76頁中說明過雙狹縫實驗。1個光子可以在屏幕上留下1個點的痕跡，如果將光子一個個發射出去，最後會得到條紋圖樣。這表示1個光子會同時通過2道狹縫，有2條軌跡，於是產生干涉現象。

日立總研的外村先生在實驗中證實電子也會有相同的現象。他先製備許多能量相同的電子，然後發射這些電子，形成電子束。但這些電子不是一次大量射出，而是一個個射出，形成極為微弱的電子束。接著外村讓電子束通過相當於雙狹縫的裝置，然後在後方屏幕偵測電子抵達哪個位置。

實驗結果與光子一樣。每當有1個新的電子抵達屏幕時，就會在屏幕留下1個點狀痕跡，所有的痕跡疊加起來後會呈現出條紋圖樣。這被評價為20世紀最美的實驗，還有被拍成影片，有機會的話請一定要找來看看（「觀看沒有人看過的世界（前、後）（誰も見たことのない世界を観る（前、後），日立中央研究所）」）。

包立不相容原理與自旋

本章中，我們將電子視為波，藉此解決了原子的2個問題。但這只適用於原子內僅1個電子的情況，更具體來說是只適用於氫原子的情況。但自然界中的原子種類相當多，每種原子內的電子數各不相同。那麼，當原子有很多個電子時，狀況又會變成什麼樣子呢？這些原子的基態分別是什麼樣子呢？

理論上，只要拓展有關氫原子的討論，應該就可以解決這個問題了才對。不過在拓展這些討論的過程中，科學家們發現電子有2個過去未曾發現的性質，這2個性質在說明原子行為時扮演著重要角色，分別是「**包立不相容原理**」與「**自旋**」。本書後面還會提到這2種性質，所以這裡必須先簡單介紹一下它們。

雖然稍微有些麻煩，不過在此之前，還得先說明薛丁格理論的結果與德布羅意一開始的模型有什麼差別。在薛丁格的理論中，波存在於三維空間中；德布羅意則將電子的波想像成軌道上的曲線，兩者在波的具體形態上的想像並不相同。

德布羅意的理論中，基態軌道的長度等於1個電子波長，也就是說，軌道上有2個波節。不過，以薛丁格方程式計算基態的波後，會發現繞原子核一圈時，波的強度處處相同，且波的強度在原子核處最強，並往脫離原子核的方向遞減，沒有波節。

圖 6-3 • 薛丁格提出的波

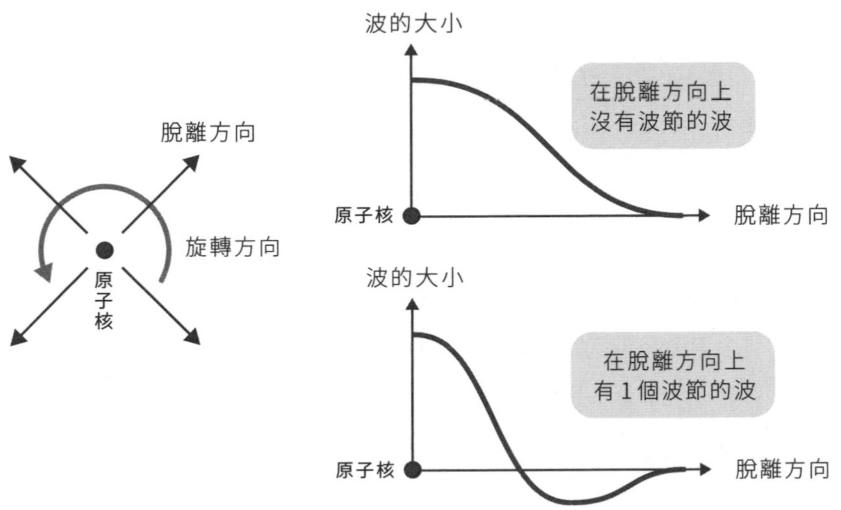

有1個節的波，能量最低（不過比基態還要高），可對應到**第一激發態**。你可以把波看做是在位於脫離原子核的方向上有節；也可以看成在脫離方向上沒有波節，但在繞著原子核旋轉的波上有節。同樣是繞著原子核旋轉，因為旋轉方向有3種，所以有3種軌道，再加上前面提到的薛丁格的波，可得到4種第一激發態。

接著讓我們由以上內容推測有多個電子的原子模型。首先，除了氫之外，最簡單的原子是氦，有2個電子。而氦原子基態的2個電子的波，皆為沒有波節的狀態。基態是能量最低的狀態，會沒有波節也理所當然，但實際上並沒有那麼單純，之後我們會再說明。

下一個原子是鋰，有3個電子。其中有2個電子的波沒有波節，另一個電子的波有1個波節（相當於氫原子的第一激發態）。接下來的原子中，電子一個個增加，一直到氖（請參考第13頁的表）的這些原子中，有2個電子的波沒有波節，其他電子的波都有1個波節。譬如擁有10個電子的氖原子內，有1個波節的電子為8個。氖再增加1個電子則是鈉，新增的那個電子的波則有2個波節（相當於氫原子的第二激發態）。

整理後可以得到，沒有波節的電子最多可擁有2個，有1個波節的電子（4種）最多可擁有8個，如果電子大於10個，多出來的電子就會有更多個波節。由以上事實可以了解到什麼呢？為什麼會有這樣的現象呢？

「**包立不相容原理**」與「**自旋**」可以說明以上問題。首先，包立不相容原理指的是，**不會有多個電子同時處於同一個狀態**。另外，電子有自旋的性質，先不管自旋的意義，重點在於電子自旋的數值只有正負**2種**。本書不會深入探討電子自旋的大小，所以可以設這2個自旋數值為±1，但有時候會因為某些理由而設為$\pm\frac{1}{2}$。

先不論其詳細內容，讓我們試著用這2種性質來說明原子內的電子分布吧。首先，波形相同的電子軌道（軌域）但自旋不同時，共有2種狀態，所以沒有波節的電子軌域可填入2個電子。因為有包立不相容原理，所以無法填入更多電子，鋰的第3個電子必須填入有1個波節的軌域內。擁有1個波節的波共有4種，考慮到自旋後共有8種狀態。因此有8個電子能填入1個波節的軌域內。如果再增加1個電子（第11個電子），就必須填入2個波節的軌域內（參考第96頁的表）。

這樣雖然就能說清楚原子內的電子狀態，但這樣的說明實在過於突兀。首先，為什麼包立不相容原理會成立呢？遺憾的是，本書無法詳細說明這點，不過在量子論的數學化過程中，會有這種結果是意料中的事。第1章中提到了多種粒子的名稱，這些粒子可區分為2類，分別是「滿足包立不相容原理的粒子」以及「不滿足包立不相容原理的粒子」。前者總稱為**費米子**，後者總稱為**玻色子**。這2個名稱分別源自著名的物理學家費米、玻色。兩者皆為某類粒子的總稱，不是特定粒子的名稱。

電子屬於費米子，光子屬於玻色子。電磁波（光）一般是指一大群光子的集合，因為光子屬於玻色子，所以同狀態的光子才能集合成群。看到這裡，你可能會覺得費米子似乎擁有什麼特殊性質，但事實上，過半數的基本粒子都是費米子。

以上內容可整理如下。

費米子（譬如電子）

滿足包立不相容原理的粒子，不能有2個以上的粒子處於同一狀態。

玻色子（譬如光子）

可以有多個粒子處於同一種狀態，不需滿足包立不相容原理。

接著，自旋又是什麼意思呢？你可能偶爾會聽到「就像粒子的自轉一樣」之類的說明。畢竟自旋的英文spin就是自轉的意思。確實，自旋與自轉有相似的地方，但電子並不會自轉。電子（目前仍）被視為沒有大小的粒子，故不存在自轉般的現象。另外，應該也很難想像自轉的大小有2種吧。

那麼自旋究竟是什麼呢？這沒辦法用古典力學理解，只能說它是一種數學上的量。如果非得要用現實中的東西來比喻的話，可以把它想像成電荷的自轉，形成棒狀磁石般的磁場。棒狀磁石的一邊是N極，另一邊是S極，就像是自旋的2種狀態一樣。而且，磁石的性質通常也和電子的自旋有關。

原子內的電子分布

氫（1個電子）

- **基態（沒有波節的狀態）**
- **激發態（有波節的狀態）**

電子可透過吸收與放出光子，在基態與激發態之間切換

氦（2個電子）的基態

- **2個電子為沒有波節的狀態**

鋰（3個電子）的基態

- **2個電子為沒有波節的狀態**
- **1個電子為1個波節的狀態**

氧（8個電子）的基態

- **2個電子為沒有波節的狀態**
- **6個電子為1個波節的狀態**

鈉（11個電子）的基態

- **2個電子為沒有波節的狀態**
- **8個電子為1個波節的狀態**
- **1個電子為2個波節的狀態**

PARTICLE COLUMN

電子殼層（electron shell）

前頁的表與電子殼層有關。高中化學的教科書也會提到電子殼層。以鈉原子為例，鈉原子有11個電子，可表示如下。

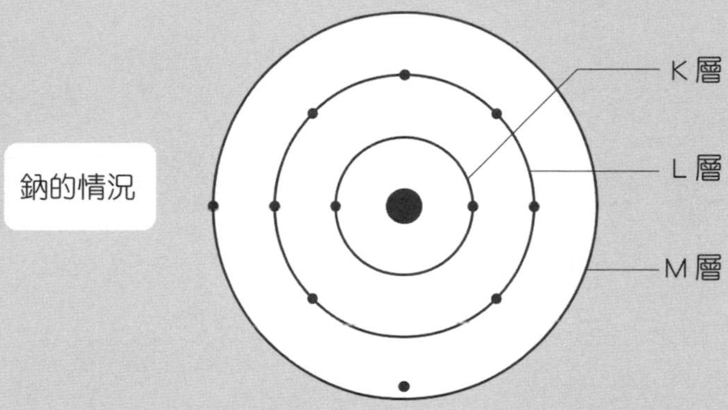

最內側的圓上排列了2個電子，即表示2個沒有波節的電子，這個圓叫做K層。其外側的L層可填入有1個波節的電子，共可填入8個電子。L層的外面還有M層，可填入有2個波節的電子。鈉有1個電子位於M層。

說明前一頁的表時，這張圖相當方便。但要注意的是，這些電子並非在圓周上運動。電子的位置需用波來表示，分布於空間中的一個範圍內。不過可以確定的是，和L層的電子相比，K層的電子平均而言比較靠近原子核。

第 7 章

粒子的生成與消滅／靜止能量

光子的生成、消滅

——頂點

本章開頭的部分有提到，將光視為粒子的20世紀粒子框架有2個性質，其中第2個性質是粒子的生成與消滅。本書提到的基本粒子物理學，正是以這個性質為核心。

首先，讓我們說明一下什麼是光子的生成、消滅。物體釋放出光、紅外線，或者是天線釋放出無線電波等現象，從粒子層次看來，都是由原子內的電子釋放出光子的現象。原子並非釋放出原本自身擁有的光子，而是由電子「生成」出光子。

同樣的，物體吸收光或紅外線時，光子並非成為原子內粒子的一員，而是被電子吸收而消滅。

圖7-1• 光子的釋放、吸收

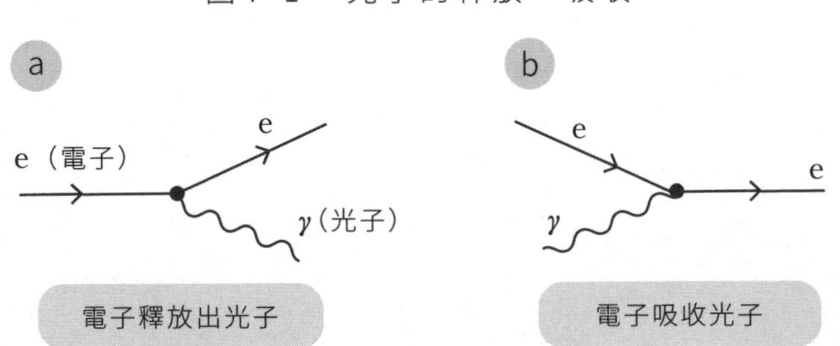

讓我們試著用圖來說明這個過程吧。

圖7－1(a)為電子釋放光子的過程。請把這張圖想成是由左而右進行。也就是說，一開始只有1個粒子，從某個時間點開始變成了2個。電子以實線表示，光子以波浪線表示。電子英文為electron，故以e表示；光子為 γ 射線，故以 γ（希臘字母的gamma）表示。γ 射線是頻率非常大（波長很短）的電磁波（參考第61頁），不過這裡的 γ 只用來表示一般光子，並沒有限制其頻率是多少。

表示電子的實線上有箭頭，這並非表示電子在往右移動。「在這裡」，箭頭表示時間沿著這個方向前進。之所以要特別寫出「在這裡」，是因為後面也會出現箭頭與時間流動方向相反的情況。

同樣的，圖7－1(b)為電子吸收光子的過程。(a)與(b)看似不同的過程，但如果忽略過程的進行方向，兩者都可以畫成圖7－2的樣子。

圖7-2 • 電子與光子的關係的基礎

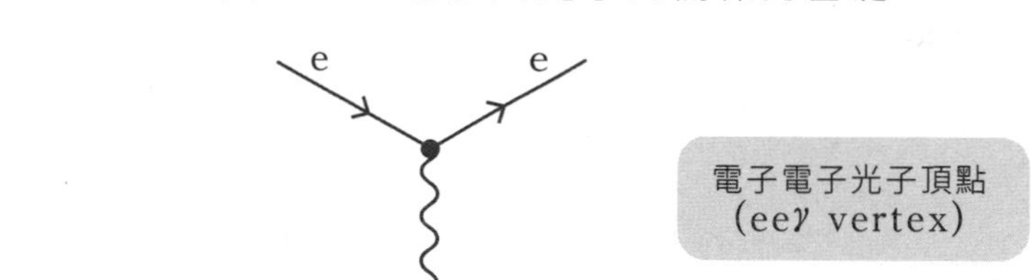

嚴格來說，應該要寫出數學式來說明才是正規的方法，不過在自然界中本來就很常發生圖7－2這種「電子與光子的反應」，有時會像圖7－1的(a)一樣，由電子釋放出光子；有時則會像(b)一樣，由電子吸收光子。也就是說，圖7－1的(a)與(b)都是由圖7－2這種自然界基本定律衍生出來的結果。

圖7－2中，3個粒子的線匯集後得到的點稱為**頂點**（vertex）。圖7－2中的2條線是電子，1條線是光子，故這個頂點也叫做**電子電子光子頂點**（ee γ 頂點）。

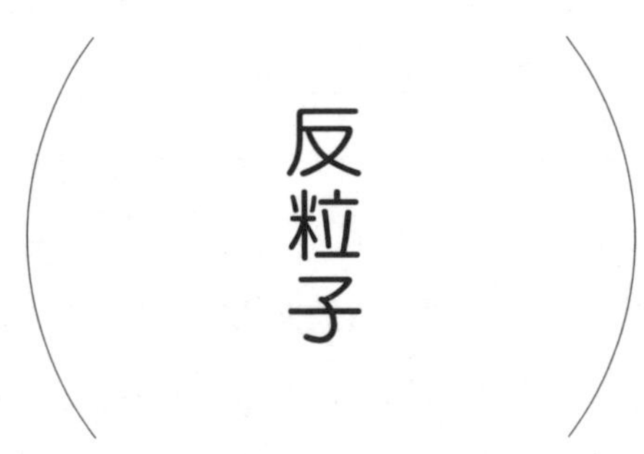

反粒子

這個頂點也會引起圖7－1的(a)、(b)以外的現象。事實上，圖7－2也可以畫成圖7－3的(c)到(f)的樣子（圖7－3的編號接續圖7－1）。這些圖分別可對應到哪些現象呢？

圖7-3 • eeγ頂點的各種過程

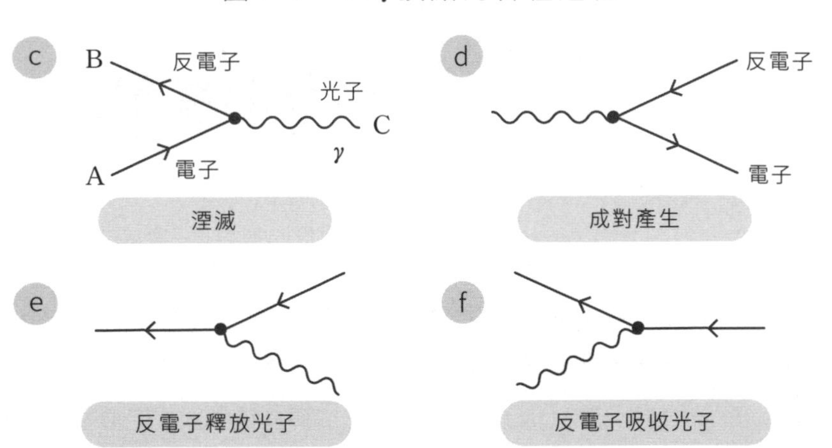

在(c)中，(圖7－1的(a)與(b)也一樣) 現象的進行方向基本上還是由左往右。而圖7－3的4個圖中，有些箭頭的方向和時間方向相反。這又是什麼意思呢？

以(c)為例，這張圖表示粒子A與粒子B相撞之後，釋放出光子C。或者也可以說粒子A與B相撞後消滅，轉變成光子C，這又叫做「**湮滅**(annihilation)」。

A的箭頭方向與時間方向相同，所以和前面的是同樣的電子。那麼粒子B又是什麼呢？

因為粒子B與1個電荷為－1的電子結合後，得到了沒有電荷的光子，所以B必須是1個電荷為＋1的粒子。電荷守恆定律告訴我們，自然界中不管發生什麼變化，總電荷都不會改變。由觀測結果可以知道，所有事物都嚴格遵守這個定律，故此定律必定成立。

事實上，在建構量子力學的時候，相關理論預測一般粒子都存在相對的**反粒子**。因為這和相對論有關，所以這些理論很難在這裡說明清楚。電子有對應的反電子，質子有對應的反質子，所有粒子都有與之對應的反粒子。而且，粒子與反粒子的質量相同，但某些性質則相反。譬如電子的電荷為－1，反電子的電荷則是＋1。不過，也存在反粒子與原本的粒子相同的「中性」粒子。譬如光子就屬於這種粒子，反光子與光子相同(中子的電荷為0，雖然為電中性，但中子與反中子是不同粒子，在磁場性質上剛好相反)。

其中，電子的反粒子通常不稱為反電子(anti-electron)，而是稱之為**正電子**(positron)。因為怕會搞混，所以也有人主張要換個稱呼方式。但這些名稱已經深植人心，很難改變。本書可能會寫成反電子，也可能會寫成正電子，依當時情況而定，請了解這點。

事實上，科學家們也透過實驗確認了反粒子的存在。既然確認了反粒子的存在，就能確定(c)的粒子B確實是反電子。也就是說，**當線的箭頭與時間的方向相反時**，粒子看似往過去前進，但這其實只是反粒子很正常地往未來前進。

因此在(c)的圖中，A線表示電子，B線表示反電子，整個(c)則表示電子與反電子的湮滅現象。湮滅之後，原本2個粒子的能量並沒有消失（能量守恆定律），而是以光子的形式出現。

同樣的道理，圖3的(d)中，光子可**成對產生**電子與反電子。另外，(e)為反電子生成光子、(f)為反電子吸收光子。

靜止能量

綜上所述，既然電子電子光子頂點的反應過程本身就存在於自然界，就表示電子也會像光子那樣自然生成、消滅。不過就電子而言，電子常與反電子一起生成或一起消滅，所以常被稱為成對產生或湮滅。

然而現實中，由光子成對產生電子的現象，似乎很少出現在我們的周圍。我們的周圍充滿了光，即充滿了光子。要是這些光子頻繁生成電子、反電子的話，應該會很恐怖。

當反電子撞擊到我們的身體時，會與構成我們身體之物質的原子內的電子產生湮滅反應，轉變成光子。這會讓我們的身體發出神聖的光芒，但作為代價，原子也會因為損失電子而毀滅。由原子構成的所有物質也會跟著毀滅。

實際上並沒有發生這些現象。即使各種頂點的圖（或是頂點的排列組合），顯示粒子的成對產生、湮滅，以及其他反應可能會發生，但這樣還不夠。可以畫出圖只是第一前提而已，除此之外，還要符合**能量守恆定律**、**動量守恆定律**等適用於自然界所有現象的定律，這些反應才有可能發生。

我們周圍的光子之所以不會成對產生電子、反電子，是因為能量根本不夠，所以我們才可以放心生活。不過要理解這件事，必須得要先說明電子的能量來自何方。

19世紀以前，古典力學（牛頓力學）認為，1個獨立粒子（不受周圍環境影響）的能量只包含動能，寫成數學式時為$\frac{1}{2}mv^2$。m為粒子的質量（可想成重量），v則是速度。這是物理教科書中必定會出現的式子，不過就算沒聽過也沒關係。只要記得，質量或速度愈大，能量也愈大就好。舉例來說，撞到質量大的物體時，受到的衝擊也比較大，那麼這個物體的動能自然也比較大。速度也一樣。式子中的速度有加上平方，所以說，即使物體是往反方向移動（速度為負值），能量也是正值。也就是說，不管物體往哪個方向移動，只要速率（速度的絕對值）相同，能量就相同。至於為什麼會有個$\frac{1}{2}$，就不需要特別在意了。

不過，如果將粒子的能量也想成是$\frac{1}{2}mv^2$的話，粒子的成對產生或湮滅就會變得有些不自然。因為當粒子的速度v為零時（也就是粒子靜止時），粒子能量也會是零。然而電子這種微小的粒子，與人類這種質量很大的物體很不一樣，就算都處於靜止狀態，能量應該還是有些不同才對。畢竟要製造出電子、反電子對沒那麼困難，要製造出人類、反人類顯然困難許多。

19世紀以前，人們認為物體（或者是粒子）不會任意生成、消滅，是永恆不變的，所以也不會產生上述疑問。然而，**如果粒子的存在本身會發生變化的話，就必須考慮存在本身的能量了**。這就是愛因斯坦相對論的其中一個成果——**靜止能量**。

接下來要說的東西可能有些突兀，簡單來說，質量m的物體（粒子）在靜止時，擁有

$$E\text{（靜止能量）}=mc^2 \qquad (7.1)$$

的能量。這就是所謂的靜止能量。

c是代表光速的一個常數（秒速30萬km）。這裡突然跑出光速可能會讓你覺得有點奇怪，不過請不要覺得靜止能量與光速之間有什麼直接關係。應該要這樣想，自然界的定律中c是一個基本常數，而靜止能量的公式與光速都和這個常數有關係（第5章中登場的普朗克常數h也和光速c一樣，是自然界的基本常數之一）。

於是，質量m，速度為v的運動中粒子，能量為

$$\begin{aligned}&\text{1個粒子的能量}\\&=\text{靜止能量}+\text{動能}+\text{（修正項）}\\&=mc^2+\frac{1}{2}mv^2+\text{（修正項）} \qquad (7.2)\end{aligned}$$

通常情況下，速度v遠比光速c小，所以靜止能量遠比動能大。然而只要粒子不會突然消失，mv^2的部分就不會改變，所以只有會改變的第2項，也就是動能部分比較重要。

至於式(7.2)的「修正項」，在我們日常生活中幾乎為0，故可直接無

視。不過當v的大小接近c時，就會變得很重要。事實上，當v很大的時候，上式便不成立，需改成以下形式。

$$E = \frac{mc^2}{\sqrt{1 - \frac{v^2}{c^2}}} \qquad (7.3)$$

這是由相對論推導出來的式子。

討厭數學式的人不用在意式中的細節，不過請至少閱讀以下說明。首先，分母的平方根內是一個小於1的數，因此取平方根之後也會小於1。因為分母小於1，所以等號右邊整體會大於mv^2。而比mv^2多的部分（在v很小的時候）會趨近於$\frac{1}{2}mv^2$，得到式(7.2)。

光子的質量是多少？

不知道你有沒有注意到式(7.3)有個奇怪的地方。當粒子的速度v等於光速c時，因為$\frac{c^2}{v^2}=1$，所以分母會等於0。分母為0的分數，數值會變成無限大（因為除以0）。光子是光的粒子，速度等於光速c。那麼光子的能量是無限大嗎？

當然不是，前面也有提到，光子的能量是$h\nu$。我們可以說式(7.3)不適用於光子，然而這麼一來，前面我們一直強調電子與光子同樣都是粒子的主張，似乎就變得有些站不住腳。

想讓式(7.3)在 $v=c$ 時仍不會變成無限大，只要使分子等於0就可以了。$0\div 0$為不定值，至少可以不是無限大。所以說，以速度c移動的光子，是質量m為0的粒子。

「沒有質量的粒子」這個概念在19世紀不被一般人所接受，不過在相對論登場後，眾人才了解到這種粒子可能存在，而且事實上我們的周遭到處都是。前面提到的能量公式(7.3)雖然適用於一般物質，卻不適用於光子（因為會變成$\frac{0}{0}$），所以需要另一個式子來表示光的能量。那就是第5章提到的$E=h\nu$ 。而且，只要是能視為波的粒子，就算不是光子也可以用這個式子算出能量。

能量守恆定律與動量守恆定律

前面我們已經提過現代粒子框架下的能量表示方式了。確定粒子的能量後，就可以保證粒子生成、消滅過程中，能量守恆定律仍會成立。只要反應前後總能量不變就可以了。

另一個要提的是動量，粒子的動量需遵守動量守恆定律。直觀來看，動量可以看成是粒子運動的威力，在19世紀以前，定義成質量×速度（$=mv$）。在相對論登場之後，動量的正確式子應寫成

$$p\,(\text{動量}) = \frac{mv}{\sqrt{1-\frac{v^2}{c^2}}} \qquad (7.4)$$

分母從原本的1改成了相對複雜的樣子。

與動能不同，動量式子中的速度v沒有平方，所以動量可能為正，也可能為負。

假設有2個相同質量的物體速度相同、運動方向相反，正面碰撞後合為一體（圖7－4）。

圖7-4 • 相同物體的正面碰撞

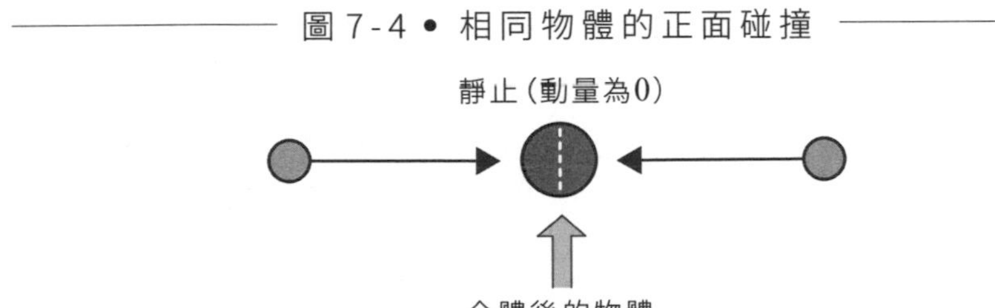

因為是相同物體以相同速度、相反方向碰撞（左右對稱），所以合體後的物體不會移動。

也就是說，合體後的物體動量為0。撞擊前，兩物體的動量大小相同、方向相反，正負相消後可以得到0。撞擊前後的總動量同樣都是0，這就是動量守恆定律。這個定律也同樣適用於粒子生成、消滅的過程，是一個普遍性的定律。

不過，因為光子的$m = 0$，所以必須由其他方式決定其動量，即

$$\text{光子的動量} = \frac{h}{\text{波長}} \qquad (7.5)$$

這是所有（可被視為波）的粒子都適用的式子，德布羅意也是由這個關係式提出物質波的概念（第86頁）。

動能與動量是不同的量，分別有各自的守恆定律，不過兩者都是由v決定的量，所以兩者間有著密切的關係。事實上，將式(7.3)與式(7.4)結合後可以得到

$$E^2 - (pc)^2 = (mc^2)^2 \qquad (7.6)$$

不討厭數學式的人可以自己試著計算看看，確認式子的正確性。光子也適用於這個式子，而光子的$m = 0$，所以

$$E = |p|c \text{（粒子為光子時）} \qquad (7.7)$$

$|p|$的絕對值。用頻率（ν）與波長取代式中的E與p（h可互消），可以得到以下式子。

頻率×波長＝光速c

我們在第54頁也寫過這個式子。光子與相對論都是20世紀以後才出現的新概念，卻能導出這個人們早已知曉、與波有關的方程式。

虛擬狀態與實狀態

最後，讓我們用以上內容做為基礎，試著回答本章一開始提到的問題。電子電子光子頂點的反應過程如圖7－1與圖7－3所示，這些反應過程都會在現實的自然界中發生嗎？

首先考慮圖7－3(c)的電子、反電子湮滅反應。假設電子與反電子以相同速度正面相撞，轉變成光子。設電子的質量（＝反電子的質量）為m，那麼2個電子的能量（式(7.3)）都大於mc^2，故整體能量大於$2mc^2$。因此生成的光子能量亦大於$2mc^2$（能量守恆定律）。

在動量方面，因為2個電子以相同速度正面相撞，撞擊前的總動量為0，所以生成的光子動量也得是0（動量守恆定律）。生成的光子應該要滿足式(7.7)才對，這個例子中的光子卻無法滿足該式。這種無法滿足式(7.6)或式(7.7)的粒子，稱為**虛粒子**，或者稱其處於虛擬狀態。若粒子能滿足這2個式子，則稱為**實粒子**，或稱其處於實狀態。

虛擬狀態下的粒子必須在短時間內釋放其他粒子，或者吸收其他粒子，以轉變成實狀態。所謂的短時間到底有多短，取決於虛擬狀態與實狀態之間的差異，不過這裡只要把它當成瞬間發生的事就好。

註：本書將遵守能量守恆定律與動量守恆定律，卻不滿足式(7.6)的瞬間狀態稱為虛擬狀態。相對於此，也有人將滿足式(7.6)，卻不遵守能量守恆定律的瞬間狀態稱為虛擬狀態。文字說明上看起來似乎有些差異，但其實只是同一件事的不同描述方式。我覺得「遵守動量守恆定律，卻不遵守能量守恆定律」這樣的描述方式實在讓人不太舒服，所以本書採用了前者的說明方式。只要記得，你可能會在其他地方看到另一種說明，而兩者都是對的就好。

一般來說，電子、反電子湮滅所生成的虛光子，會再成對產生出2個實粒子，如圖7－5所示。成對產生粒子時，可能會和一開始一樣生成出電子、反電子對，也可能會生成另一種粒子與它的反粒子。不過，如果新生成的粒子太重，需要的靜止能量太高，可能會因為能量不足而不會生成出這種粒子。

也就是說，電子、反電子一開始有多少能量，會決定最終狀態有哪些可能。這個過程是基本粒子實驗的基礎，在尋找新粒子的時候，也是極為重要的概念，之後我們會再詳細說明。

圖7-5 • 從湮滅到成對產生

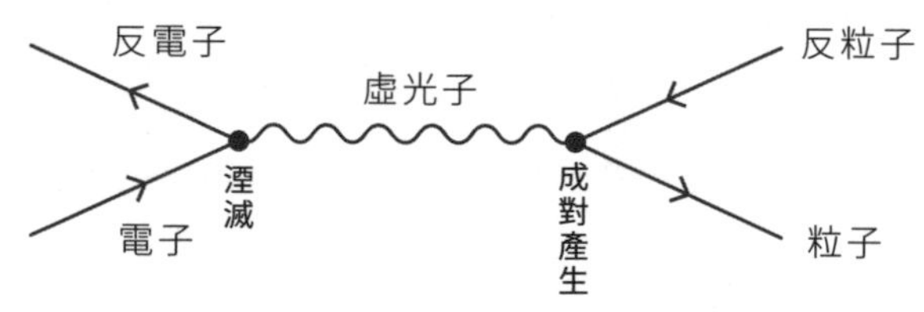

電子＋反電子→虛光子→粒子＋反粒子
（最後得到的粒子可以不是電子）

接著要看的是熱物質放出光的現象。圖7－1(a)是這種現象的基本過程，但靜止的電子並不會逕行放出光子。靜止電子的能量僅為mc^2，沒有多餘的能量可以給予新生成的光子（因為最終狀態下電子仍存在，所以至

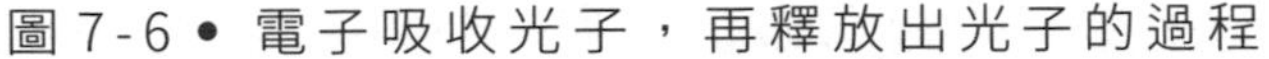

圖7-6 • 電子吸收光子，再釋放出光子的過程

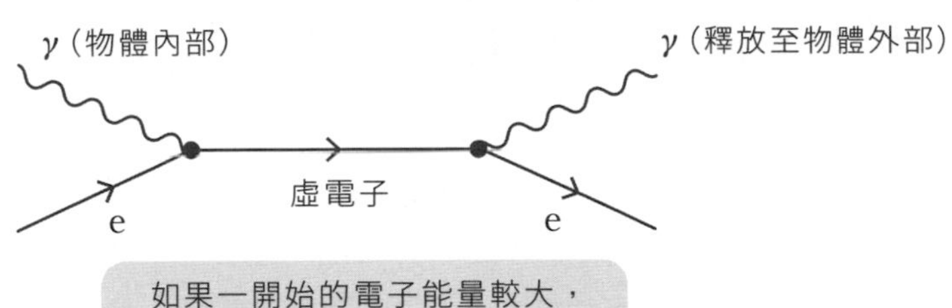

少要保留mc^2的能量才行）。

不過在熱物質的內部，粒子（電子或原子核）之間會持續發生放出、吸收光子的現象。電子吸收這樣的光子後，會暫時轉變成能量較高的虛擬狀態，接著再釋放出光子，回到原本的實狀態。電子只是暫時吸收光子，隨後就釋放出光子，整體而言似乎沒有變化的樣子。不過要是吸收的是較低能量的光子，放出的是較高能量的光子，那麼就結果而言，物體就有可能會憑空釋放出可見光。這也是物質發光的機制。

接著來看看電子的生成。圖7－3(d)是由光成對產生電子與反電子的過程，現實中有可能會發生這種過程嗎？首先從能量的角度來看。如同我們在討論圖7－5時提到的，電子、反電子的總能量最低為$2mc^2$，所以一開始的光子能量必須在這個數值以上。光子的能量是$h\nu$，所以電磁波的光子必須有非常大的ν（也就是波長非常短）才行。

實際計算後可得，電磁波波長必須在10^{-12}m以下才行，γ射線才有這種波長（參考第61頁的表）。這就是為什麼充斥在你我周圍空間中的光子不會任意生成電子。

不過，波長再短，要是一開始是實光子的話，生成的電子與反電子中，至少有1個必須處於虛擬狀態。此時，虛擬狀態的粒子必須從周圍吸收光子，才能轉變成實狀態，如圖7－7所示（不過，如果一開始是虛光子的話，就可以成對產生出2個實粒子，如圖7－5所示）。

圖7-7 • 高能量光子的成對產生

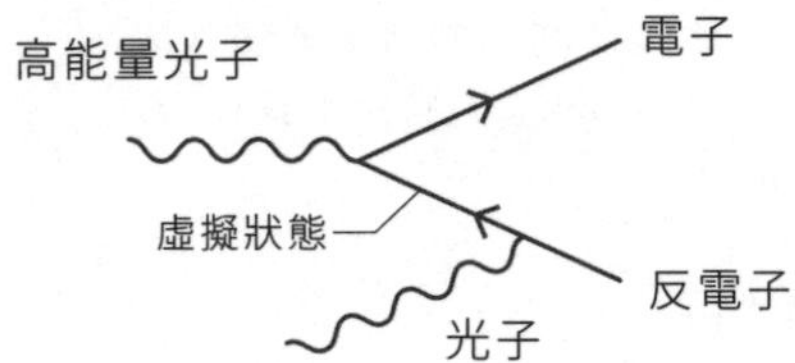

第 8 章

基本粒子物理學的誕生

湯川的介子論

力的新觀點

── 靜電力的情況

由光量子假說發展而來的新的量子樣貌，顯示出會有新的粒子生成，也會有粒子消滅。2個物體間的作用力也可以用這種粒子的生成、消滅來說明。本章首先會試著用這種方式說明靜電力，接著繼續介紹作用於原子核內部的「核力」，以及描述核力的湯川秀樹介子論。

擁有電荷的2個粒子之間存在靜電力。2個正電荷粒子或是2個負電荷粒子會彼此排斥，即同性相斥；如果粒子電荷是一正一負，則會互相吸引，即異性相吸。

一開始人們認為靜電力是直接作用於粒子之間，就和牛頓的萬有引力一樣。到了19世紀，開始有人認為靜電力是透過電場作用於粒子之間的力（參考第4章）。

進入20世紀後，「光子這種粒子，才是電場（以及磁場）的實體」的想法登場。所以**原本「透過電場傳遞靜電力」的想法，也變成了「透過光子傳遞靜電力」。**

用電場來說明靜電力時，一個電荷（將粒子本身視為電荷）會在周圍的空間產生電場，這個電場會對另一個電荷施力。如果改用光子說明靜電力的話，一個電荷會生成光子，再由另一個電荷吸收這個光子。持續不斷的光子交換過程，就是電荷間靜電力的本質。

圖8-1● 光子的交換

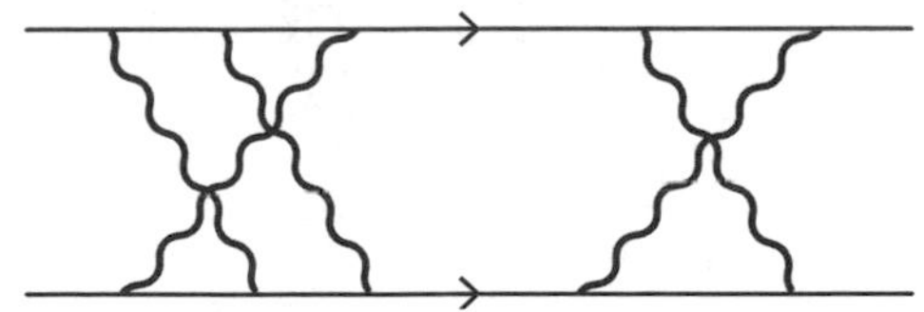

為什麼光子的交換會是力的本質？要理解這點，必須從能量的角度切入。首先，假設存在2個電荷，而這2個電荷完全不會交換光子。因為不會互相影響，所以就算改變2個電荷間的距離，2個電荷整體擁有的能量也不會改變。

不過，要是2個電荷交換光子的話，就會影響到2個電荷的整體能量了。而且影響的大小會隨著2個電荷間的距離改變。距離愈近，光子的交換難度愈低。

假設光子的交換會造成2個電荷的整體能量降低。2個電荷愈靠近，對能量的影響愈大，故能量會變得更低。一般來說，物體會往能量低的狀態移動，因為能量低的狀態較穩定。也就是說，2個電荷會縮短彼此距離，以降低整體能量。如果用「力」來表示這個現象，就相當於電荷間的吸引力，也就是2個電荷符號相異時的情況。

2個電荷符號相同時，光子交換產生之影響的符號也會反轉。這裡無法詳細說明機制，不過可以想像成頂點之數值的符號反轉。此時，光子的交換會讓2個電荷的整體能量上升。距離愈短，能量上升愈多。所以這個情況下，電荷會盡可能彼此遠離，減少整體能量，相當於電荷間的排斥力。

綜上所述，光子交換所造成的能量交換，會產生「力」的效果。

原子核內的力

前面的內容都是以電子為焦點，接下來我們會把主題轉移到原子核上。從這裡開始，才算正式進入基本粒子物理學。

讓我們複習一下第1章提到的原子核吧。原子中心有一個叫做原子核的核心，長度約為原子的十萬分之一，和原子比起來非常小。

原子核由質子與中子2種粒子組成。兩者的質量幾乎相同，攜帶的電荷則不同。質子的電荷為＋1（電子的電荷為－1），中子的電荷為0，也就是電中性。不同的原子，質子數與中子數也各不相同，不過同一個原子內的質子與中子數目大致相同，通常中子會多一些些。分布在原子核周圍的電子，數目與質子相同，所以原子整體的電荷是0。

最簡單的原子核是由1個質子構成的氫原子核。不過，極少數的氫原子核還多了1個中子或2個中子，分別是氘與氚。這些原子核的周圍都只有1個電子，所以屬於氫原子，但原子核的成分截然不同。這種質子數相同，中子數不同的原子，稱為**同位素**（isotope）。

質子和中子合稱為**核子**，意為構成原子核的粒子。質子（proton）的符號為p、中子（neutron）的符號為n，而核子（nucleon）則以大寫的N表示。

以上只是簡單的事實整理，那麼該如何用物理理論說明這些事實呢？電子與原子核之間會以靜電力彼此吸引，前面我們已經用量子力學的框架，說明電子如何存在於原子核周圍，如何形成原子結構。這是1920年代的物理學成果。

那麼，上面提到的原子核結構又該如何解釋呢？1932年發現中子之後，這更成為了當代物理學家的一大課題。談到原子核時，會出現以下疑問。

疑問 1：質子擁有電荷，那麼質子之間應該會因為靜電力而互斥才對。為什麼一堆質子能夠擠在一起呢？

疑問 2：中子沒有電荷，不會產生靜電力，那麼為什麼中子能與其他的中子或質子擠在一起呢（中子會受磁力影響，但影響相當弱）？

疑問 3：和整個原子相比，原子核非常小。為什麼原子核會那麼小呢（約只有原子的十萬分之一）？

疑問 4：原子核內的核子數有一定限制。自然界中最大的原子核是鈾同位素的原子核，共有92個質子與146個中子。雖然科學家可以用人工方式製造出更大的原子核，但馬上就會分解。為什麼原子核的大小有上限呢？

上面看似有一大堆問題，但其實這所有的問題，都指向同一個解答。答案如下。

「核子之間存在不屬於靜電力（電磁力）的未知力量（吸引力）。這種力在短距離內比靜電力還要強，不過距離拉長時便會急速減弱。」

在1930年代初期，人們還不曉得這是什麼樣的力，就姑且稱之為**核力**，意為在原子核內作用的力。

稍微補充一下上面的答案吧。核力與靜電力是不同的力，所以和粒子擁有的電荷無關，對質子與中子有相同程度的作用。而且在短距離下，強度比靜電力還要強，所以可以將核子聚集在一起。另外，因為核力遠比靜電力強，所以靠靜電力彼此吸引的原子核與電子之間，距離相對較長，核子之間的距離則相當短。

距離拉長時，核力衰弱的速度遠比靜電力快，這可以說明疑問4。就算聚集再多核子，核子也只會和附近的核子作用，靜電力卻可以影響到距離相對較遠的粒子。所以聚集愈多質子，靜電力所造成的排斥也愈大。這就是為什麼自然界不會形成比鈾原子核大的巨大原子核。

湯川的介子論

如果存在上述這種核力的話，問題就解決了。但這種力的來源究竟是什麼？可以用當下已知的物理學定律推導出來嗎？

本章開頭已經說明過物理學對靜電力的新觀點，那就是交換光子這種粒子所產生的力。於是有些人認為，核力或許也是交換某些粒子，譬如電子或微中子（參考下一章）後產生的力，但這些說法的說服力都不夠，未能被接受。於是湯川秀樹認為，應存在某種未知粒子，其作用可以滿足核力的特徵（1934年）。

這種粒子被稱為π介子（pion），符號寫做π。核子與π介子之間的關係，就像前一節中電子與光子之間的關係。

其作用方式可以用頂點（vertex）來描述，稱為**核子核子介子頂點**（圖8－2）。

圖8-2 • 一般性的核子核子介子頂點

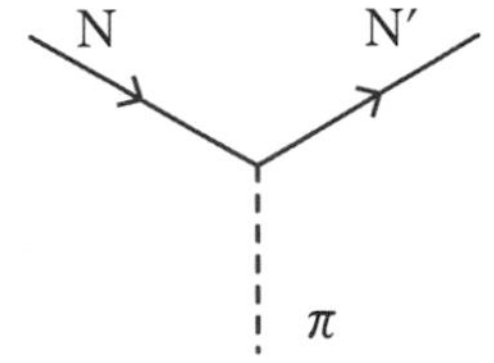

上圖中的N與N'表示核子，也就是質子或中子。N與N'可能相同也可能不同，所以姑且用不同符號表示。π介子的電荷有3種，包含＋1、0、－1，為區別這3種π介子，會分別寫成π^+、π^0、π^-，圖中會用π來表示一般化的情形。核子種類不同，或者是π介子進出頂點的方向不同，都會影響到π介子的種類。

如果N和N'相同（都是質子，或者都是中子），那麼在反應前後電荷不會改變，所以π也不帶電荷，即π^0。

圖 8-3 • 具體反應過程

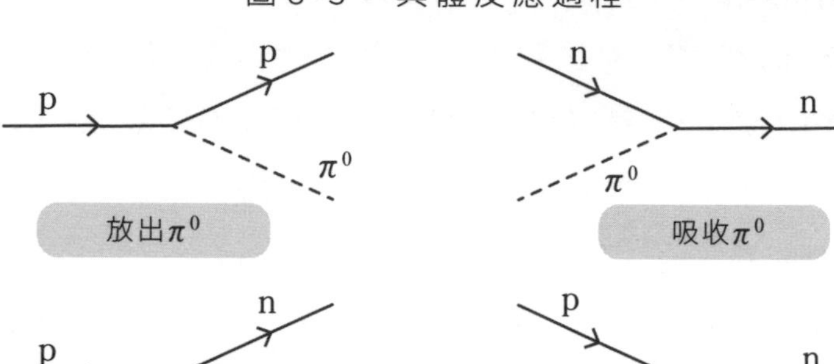

如果是質子（N = p）轉變成中子（N' = n），電荷少了1，故需靠π來調整電荷。如果是吸收π，那麼這個π會是π^-；如果是放出π，那麼這個π會是π^+。

2個核子之間會透過交換π介子產生吸引力，這就是湯川理論中的核力。這個機制與圖8－1的靜電力相似，不同的地方有2個，包括核力強度非常強，以及只能在短距離下作用。首先，吸引力特別強，表示1個頂點的效果相當大。用數學式表示時，可以看到式中用以表示這個頂點強度的常數（又叫做結合常數）特別大。

圖 8-4 • 核力的來源

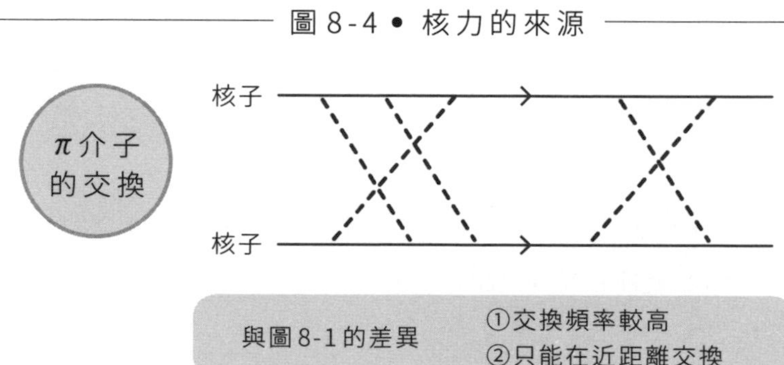

力可抵達的距離，取決於交換用粒子（圖8－1中為光子，本例中為π介子）的虛擬狀態程度。我們在前一章中已經說明過什麼是虛擬狀態。一般而言，若交換用粒子不滿足式(7.6)，就不是實粒子，而是虛粒子。虛粒子只能短時間存在，若不是回到原本生成虛粒子的粒子上，就是會被另一個粒子吸收。

當式(7.6)等號兩邊的差異愈多，虛粒子的存在時間就愈短。所以如果等號兩邊相差很多，這種力就只能在很短的距離內發揮作用。

式(7.6)兩邊的差，取決於該粒子的質量。就交換用粒子來說，式(7.6)的左邊必定為負值（計算稍微有些麻煩，不過只要用能量守恆定律與動量守恆定律便可證明），而等號右邊的質量愈大，等號兩邊就相差愈多。光子是質量為0的粒子，所以靜電力可以一直傳到很遠的地方。相對的，若要說明核力的作用距離為什麼那麼短，只要賦予π介子質量就可以了。在整體能量很小的狀況下，擁有質量的粒子即使生成也會馬上消失，這樣在理解上應該就直觀多了吧。

現實中的核力傳播距離可以從原子核的大小估計，湯川便由此推斷，π介子的質量約為核子的十分之一左右，約為電子的200倍。因為質量介於核子與電子之間，故命名為**介子**（meson）。π是為了與後來發現的各種介子做出區別而加上的符號。

π介子的發現

科學家於1947年時發現π介子，湯川於1949年獲得諾貝爾獎，然而π介子的發現過程有些曲折離奇。為了讓你了解基本粒子物理學相關研究的實際發展過程，以下將簡單說明這段故事。

首先是1936年，有科學家發現了質量與湯川所預言的質量相當接近的粒子。這是在宇宙射線實驗中，用雲室發現的粒子。宇宙射線指的是從太空中飛向地球的高速粒子，主要是質子。這些粒子會撞擊大氣中的原子，產生各式各樣的粒子。

粒子與粒子的交互作用可能會生成新的粒子。我們在前一章有講到電子的生成機制，這可以視為類似的反應。

雲室是一個箱子，裡面裝滿了處於特殊狀態（過飽和狀態）的水蒸氣。帶有電荷的粒子通過時，粒子通過的路徑會生成水滴，因此可留下軌跡。對這個箱子施加電場後，帶電粒子的軌跡也會跟著彎曲，我們可以從軌跡彎曲的情形推測粒子的質量。

將雲室暴露在宇宙射線下的實驗中，雖然發現了有適當質量的新粒子，但人們很快就知道，這個粒子不可能是π介子。從高空生成然後抵達地表的過程，對於π介子是不可能的。π介子會與原子核產生很強的交互作用，也就是說會被原子核吸引過去，然後被吸收，不可能會通過大氣抵達地表。

於是這個粒子被賦予了另一個符號 μ（mu），後來被稱為緲子。坂田昌一先生與他的團隊主張，這可能是宇宙射線產生的 π 介子在衰變後生成的粒子，實際上也是如此（關於坂田先生的故事請參考第153頁）。

後來，科學家從裝在高空氣球上的感光乳膠中，發現了 π 介子（鮑威爾，1947年）。由宇宙射線生成的粒子在被大氣吸收前，可能會被置於高空的感光乳膠捕捉而留下軌跡。由粒子的運動痕跡，可以看出粒子的特性。觀測結果中，可以看到 π 介子的軌跡，以及由 π 介子衰變而成的 μ 粒子移動軌跡。

那麼，μ 粒子又是什麼？π 介子又是透過什麼樣的機制衰變成 μ 粒子的呢？這就是下一章的主題。

PARTICLE COLUMN

湯川理論與日本

從現在的角度來看，湯川的理論可說是理所當然，但當初其實受到了很多批評。畢竟引入一個未知粒子來說明未知現象，只是把問題往後挪而已。波耳曾說過，用已知定律來說明未知現象，才是物理學該有的態度。德國也曾有年輕的物理學家提出和湯川類似的想法，卻被在當時物理界深具影響力的包立大力批判，無疾而終。包立以經常批判他人著名，對上包立只能算他倒楣了。對湯川來說，身處於當時還是發展中國家的日本，或許可以說是件幸運的事。不過在這之後，也曾有年輕的日本物理學家提出劃時代的發現，卻被前輩的發言打回票的例子。我們將在第171頁介紹這件事。

1934年，一個足以動搖物理領域的理論在日本誕生。對於近代科學歷史尚淺的日本來說，這可以說是個很大的驚喜。雖說如此，這時的日本在物理學領域中確實也已有一定基礎。原子物理領域中，著名的克萊因－仁科公式於1929年誕生。仁科芳雄在波耳門下學成後，回到日本培養現代物理學家，朝永振一郎（第139頁）、坂田昌一（第153頁）都是他的弟子。朝永與湯川在第三高等學校、京都大學是同屆學生。朝永在戰時致力於研究「重整化理論」，並成為了日本第2位諾貝爾獎得主。另外，坂田以複合粒子模型著名，他的弟子包括益川、小林（第229頁）等人。就這樣，日本的物理學研究一代代傳承了下來。

波耳曾於1937年訪日，愛因斯坦則是於1922年訪日，兩人都是為了加深與日本學界的交流。雖說如此，愛因斯坦的訪日行程其實是由出版社主導、邀請，而且就在愛因斯坦搭船前來的同時，正好傳來愛因斯坦是當屆諾貝爾獎得主的消息，使得整個日本社會為之轟動，成為相當盛大的活動。

強子

我們在前面有提到，湯川的理論代表了基本粒子物理學的誕生。在這之後，人們終於有一套科學框架來討論原子核。不過現在不管是核子還是 π 介子，都不是真正意義上的「基本」粒子。如同我們在第1章中提到的，這些粒子都不是自然界的基本粒子，而是由名為夸克的粒子組成的複合粒子。

目前，科學家們已發現了許多類似核子與 π 介子的粒子。這些粒子可透過核子間的撞擊生成（加速器實驗），卻會在極短時間內衰變成原本的核子或 π 介子，不會轉變成存在於你我周圍的粒子。

這些粒子都是由夸克（或是反夸克）組合而成，但組合的方式不同，就會形成不同的粒子（第10章）。這些粒子也就是**由多個正／反夸克構成的粒子**，總稱為**強子**，因為這些粒子會產生強交互作用（參考下一章）。電子和光子則不屬於強子。

強子大致上可以分成重子（核子與類似的粒子）與介子（π 介子與類似的粒子），可整理如下一頁的表。雖然沒有必要背下來，不過這些粒子在第10章還再會出現，必要的時候可翻回來做為參考。

湯川秀樹

圖 8-5 • 強子是什麼？

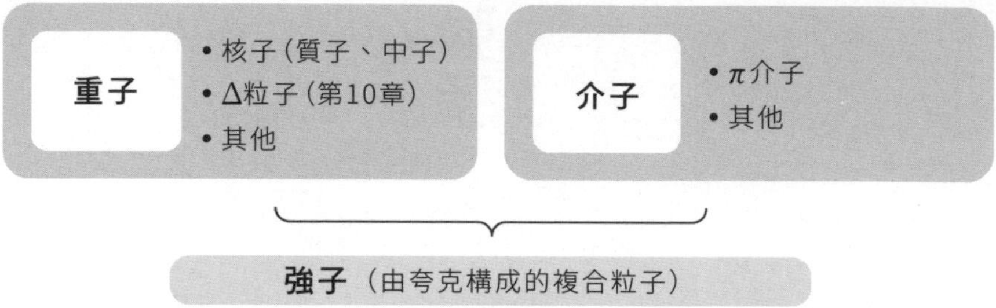

用語解說	
重子	與核子（質子、中子）性質相似之粒子的總稱
介子	與π介子性質相似之粒子的總稱
強子	介子與重子的合稱 （有強核力的粒子，由夸克構成的複合粒子）
與夸克無關的粒子 （非強子的粒子）	電子、μ粒子（緲子）、微中子、光子等

第 9 章

弱交互作用

關於原子核的另一個疑問

前一章中，我們說明了為什麼原子核內的質子與中子能夠緊靠在一起。原因出在核力，有時候也稱為「強核力」。既然有強核力，那不強的核力「弱核力」又是什麼呢？

原子核還有另一個神奇的現象，那就是輻射線，特別是被稱為beta射線（β射線）的現象。一般而言，輻射線是指由原子核射出某些東西的現象。會釋放輻射線的原子核被稱為放射性原子核，是相對特殊的原子核，可以用原子爐等裝置製備，自然界也存在一定比例的放射性原子核。

輻射線主要可分為alpha（α）射線、beta（β）射線、gamma（γ）射線。α射線為氦原子核，是由2個質子與2個中子構成的粒子，這種組合的連結力相當強，所以這4個粒子偶爾會以這種組合為單位集體行動。所以說，這種組合有時會脫離整體連結力不強的原子核，往外飛出，這就是α射線。

γ射線為電磁波的一種，由光子構成。原子核內的高能核子在釋放能量時，就會以光子的形式釋出，其機制已有充分解釋。

β射線由電子構成，也就是電子從原子核飛出的現象。但是，這種電子是從哪裡冒出來的呢？原子內的電子應該是**在原子核的周圍運動才對**，而且這種運動已可用量子力學解釋。在原子核那麼狹窄的區域內，居然會冒出電子，這在量子力學中是相當難以理解的現象。

隨著中子的發現，科學家們了解到這個電子並非一開始就在原子核內部，而是在中子轉變成質子的時候飛出來的粒子。事實上，射出β射線後，原子核會減少1個中子n，並增加1個質子p。

近年來和原子爐有關的話題中，一個有名的例子是氚原子核（pnn的組合）射出β射線後轉變成氦3原子核（ppn的組合）的過程。其中，1個n變成了p。

我們可以從電荷守恆定律想像得到這樣的變化。中子的電荷為0，質子為＋1，電子則是－1，而β射線的射出前後，總電荷應該不會改變才對。換個角度來看，要讓中子轉變成質子，必須釋放出1個擁有負電荷的電子才行。

那麼，為什麼會有這樣的變化呢？當時（20世紀）的人們還沒什麼概念，於是猜測有一種未知的力會造成這種變化，並將其命名為「**弱核力**」。不過，明明是粒子的轉換，卻把它叫做力，似乎不太恰當，所以現在我們一般稱其為**弱交互作用**（這個稱呼是相對於前一章中叫做**強交互作用**的核力，至於由光子造成的靜電力／磁力，則被稱為**電磁交互作用**）。

β衰變與微中子

前面我們已透過湯川的介子論，簡單說明了強交互作用是什麼。之所以說「簡單」，是因為在引入夸克這種粒子之後，故事就會變得很不一樣，這點將於下一章中說明。

那麼，該怎麼說明弱交互作用呢？在說明這點之前，必須先說明與 β 衰變有關的更多發現。

β 衰變指的是中子釋放出 β 射線（電子），並轉變成質子的現象。但絕不可將其理解成「中子由質子與電子組合而成，所以 β 衰變就是中子的分解過程」。不能這樣理解的理由有好幾個，不過解說時都需用到複雜的數學計算，所以這裡暫不深入討論。不過，考慮到質子與中子都是核子這個類別中的兄弟，質子與電子結合後會得到中子的想法顯然比較奇怪吧。從前一章以前的內容看來，由中子轉變成質子的過程，基本上都得在頂點（vertex）的框架下說明才行。事實上，第121頁就有1個從中子轉變成質子的頂點，但該圖中釋放出來的是 π 介子而不是電子。β 衰變中跑出來的是電子，所以反應的機制應該和前一章提到的反應截然不同（也就是完全不同的頂點）才對。

事實上，理解 β 衰變的第一步，就是 β 衰變**不只是「中子轉變成質子與電子」**的過程。

如果只考慮電荷，那麼中子轉變成質子與電子的過程似乎有滿足電荷守恆（前面就有說明過）。但如果考慮到能量，就會產生問題。在 β 衰變的觀察中，就算將產物的質子與電子能量加起來，還是比原本的中子能量還要少。聽起來有點奇怪，總之先來看看三者數值吧。

首先，3個粒子的質量如下所示。

中子………… 939.6

質子………… 938.3

電子………… 0.5

這裡用的單位是MeV，不過重點在於三者間的比例，而單位不影響比例。請把焦點放在數值上。

質子與中子是兄弟般的粒子，質量幾乎沒有差別。不過，電子的質量比兩者的差值還要輕，這表示中子的靜止能量扣掉質子與中子的靜止能量後，還有多出一小部分。如果能量守恆定律成立的話（反應前後的總能量保持不變），這些多出來的能量應該會變成質子與電子的動能才對。但實際測量它們的動能，並與兩者的靜止能量相加後，發現還是比中子的靜止能量低。

也有人主張能量守恆定律可以稍微被打破。但能量守恆定律是自然界中的任何現象嚴格遵守的定律，可以說是神聖不可侵犯、根深蒂固的定律（且已有充分的根據可以證明這個定律成立）。包立提出，這些看似失去的能量，可能是被某個沒被觀察到的未知粒子帶走了（1930年）。這個當時假設出來的粒子被稱為**微中子**。不過，在β衰變的例子中，因為某些顯而易見的理由，並不是微中子，而是它的反粒子——反微中子。也就是說，包立認為β衰變的過程為

中子n → 質子p ＋ 電子e ＋ 反電微中子$\bar{\nu}_e$

後來人們發現，微中子有3種，而這個反應的微中子是和電子成對出現，所以命名為電微中子。微中子的符號為ν（希臘字母的nu），下標為代表電子的e。另外，ν上方的頂線「－」代表它是反粒子。

註：一般來說，反粒子的符號是粒子符號再加上頂線「－」。譬如反電子（正電子）的符號就是$\bar{e}$。不過電子與正電子有時也會寫成e^-和e^+。

如果β衰變中，真的有釋放出微中子的話，那麼這種粒子至少會有以下3種性質。

性質 1：電荷為0（因為要遵守電荷守恆定律）。

性質 2：質量幾乎為0（上面的反應式中，可以分給反微中子的能量非常少，所以它的靜止能量也非常小。不過，近年來的實驗證實它的質量並不是0。微中子的質量大小，正是目前基本粒子物理學界最前線的問題）。

性質 3：幾乎不會和其他粒子有交互作用（會從β衰變中釋出，就表示這種粒子會與其他粒子產生交互作用。也就是說，可以和其他粒子形成頂點（vertex）。但過去一直沒能檢測出這樣的交互作用，就表示這種交互作用十分微弱。事實上，飛向地球表面的微中子幾乎都會直接穿過地球）。

弱交互作用的頂點

——W玻色子

在說明微中子的發現過程之前，先讓我們來看看為什麼會發生β衰變。不管是靜電力、核力，都可以用頂點理論來說明，而粒子就是這些力的媒介。β衰變也一樣。

事實上，如果加上微中子這個粒子，解釋上會方便許多。要是β衰變沒有微中子的話，反應就會像圖9－1那樣，是一個由中子、質子、電子構成的頂點，但這種頂點不可能存在。雖然這有點像是強加上的理由。

圖 9-1 • 不可能存在的頂點

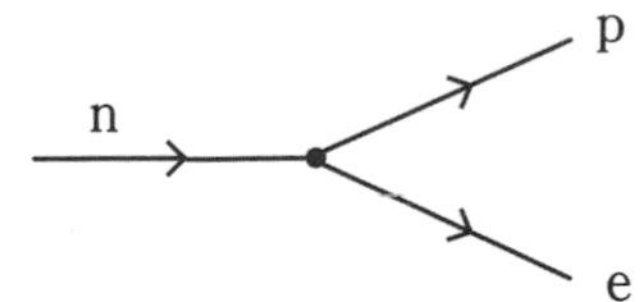

不可能存在一次連接3個費米子的頂點

之前提到的電子電子光子頂點，或者是核子核子介子頂點，都是由2條有箭頭的實線，以及1條波浪線或虛線構成。這種組成並非偶然。

前面我們提到，所有粒子都可以分成費米子與玻色子2種（第94頁）。我們之前是用是否符合包立不相容原理來區分兩者，但其實用數學式表示時，這2種粒子會有很大的區別。因為有這種差異，所以和頂點連接的線中，費米子必須是偶數條線。某些情況下可能是0條線，但通常會有2條線（原因在於費米子的自旋性質，不過這和數學性質有關，所以這裡不繼續深入討論）。

到目前為止的頂點是由電子或者核子這類費米子構成，所以會滿足這個條件。但圖9－1中，3條線皆是連接費米子，所以就不滿足偶數條線的條件了。因此基於數學性質上的原因，圖9－1的頂點是不可能存在的。

然而微中子加入後，事情就不同了。只要微中子也屬於費米子就沒問題了。這麼一來，就會有4條代表費米子的線與頂點相連，而4是偶數。前面的內容有提到「由2條費米子及1條玻色子構成的頂點」，我們可以用這種頂點為基礎，將4個費米子拆成2個2個，再用弱交互作用的粒子（玻色子）做為媒介連接起來就行了。由箭頭的方向可以看出，新加入的費米子是反微中子而非微中子，因為箭頭方向與粒子離開頂點的方向相反。

圖 9-2 • β衰變的真正機制

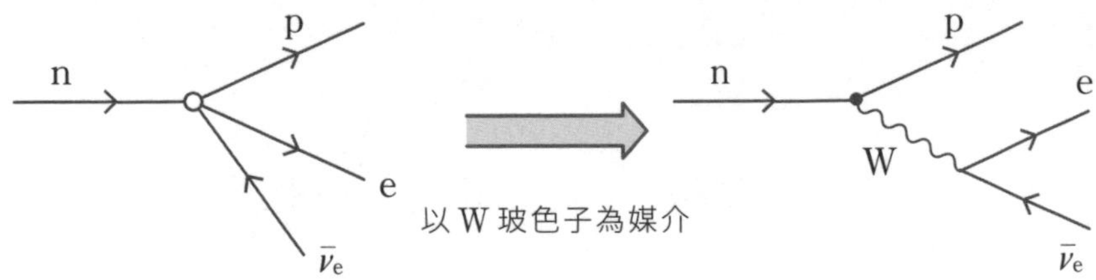

這個例子中，我們引入了1個新的粒子，稱為**W玻色子**。就像湯川提出的想法中，引入π介子以說明強核力的原因一樣，這裡引入了W玻色子以說明弱核力的原因。

W玻色子應擁有以下2種性質。

性質1：電荷為＋1或－1（分別寫做W^+、W^-。圖9－2中，W必須擁有負電荷，故為W^-，其反粒子是W^+。相對的，W^+的反粒子為W^-）。

性質2：非常重（因為長距離下不作用，所以媒介粒子必須有一定質量才行（關於虛擬狀態的問題，請參考第111頁）。另外，因為β衰變遠比交換π介子的強核力微弱（頻率較低），所以W玻色子應該比π介子更重（可能會重很多？）才對）。

弱交互作用發現自中子的β衰變，但除此之外，W玻色子還會引起（或可能會引起）多種現象，這些現象都統稱為弱交互作用。譬如π介子轉變成緲子的過程，或是緲子轉變成電子的過程等，我們將在之後的章節中說明這些現象。

另外，有時候質子也可能會釋放出反電子與微中子，並轉變成中子，這也是由W玻色子做為媒介的過程。這其實是發生於太陽內部的現象，也就是太陽發光的能量來源。我們將在本章最後說明這個現象。

微中子的發現與W玻色子的問題

前面提到，要用理論說明β衰變，就必須引入微中子、W玻色子等2種粒子。其中，微中子的問題已在1956年解決。

萊因斯與科溫兩人用原子爐做實驗，成功找到微中子存在的證據，方針如下所示。

原子爐可以生成大量放射性原子核，故會頻繁發生β衰變（如果包立的主張正確的話），生成大量微中子。這些微中子可以被大量鐵條吸收，使鐵的原子核內的質子產生以下反應。

$$\text{反電微中子}\bar{\nu}_e + \text{質子p} \rightarrow \text{中子n} + \text{反電子}\bar{e}$$

實驗人員在透過偵測中子與反電子的生成來確定是否真的有產生這種反應。重點在於，要是沒有發生這種反應的話，就不會產生反電子。

鐵條的前面堆有許多大型磚塊，可以遮住微中子以外的所有粒子。因此，要是鐵條有產生什麼反應的話，就表示有某些穿透性很強的粒子穿過了磚塊，和鐵條產生了反應，而這些粒子只有可能是微中子。這就是這個實驗的精髓。

當然，幾乎所有微中子都會直接穿過鐵條，只有一小部分能夠引起上述反應。以上就是間接驗證微中子存在的方式。

那麼W玻色子又是如何呢？因為某些理由，W玻色子的質量需為核子的數十倍，既然如此，若要生成W玻色子，就必須準備能量等同於W玻色子靜止能量之粒子（譬如質子）的粒子束才行。而要準備這種粒子束，需要用到巨大的加速器。雖然20世紀末成功製作出這種加速器，也實際發現了W玻色子，不過關於這個過程，還有其他事值得一提，而這是第13章的主題。

關於W玻色子還有一個很大的問題。基本上，我們很難建構出含有W玻色子的理論。

都講了那麼多，怎麼現在還要講這些呢？事實上，前面我們避開了許多基本粒子物理學理論上的困難之處，不過到了這裡，已經無法再避免談到這些話題。

「引入新粒子」這件事聽起來或許很簡單，但實際上是一個很困難的過程。

既然有粒子，就代表需要推導一套理論來說明表示這個粒子各種特性的量，再以此為基礎，計算出這種粒子在各種反應過程中的理論觀測值。但基本粒子物理學的計算中，一直被所謂的「無限大問題」困擾著。要是頂點生成的粒子回到頂點，就會在圖中形成迴圈。迴圈中的粒子都處於虛擬狀態，虛擬狀態下的能量與動量沒有限制，要是把所有可能性都加總起來，答案會是無限大。

圖 9-3 • 虛粒子的迴圈

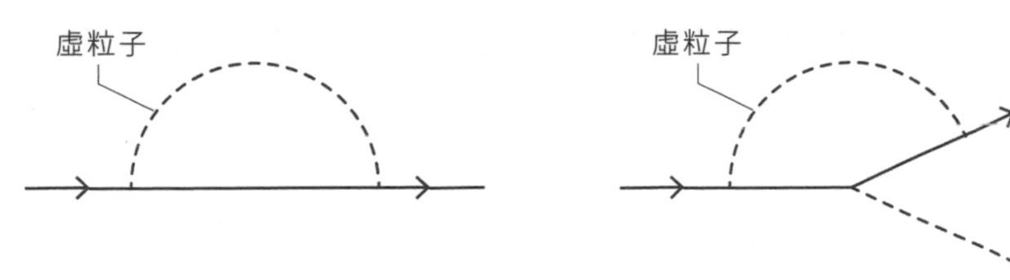

含有迴圈的反應過程會造成無限大問題

π 介子理論中的這個問題比較好解決。雖然也會有無限大問題，但路徑是有限的，只要適當整理路徑的組合，就可以得到有限的答案。這種將無限大的量處理成有限答案的手法，稱為**重整化理論**。也就是將無限大重整為有限量的意思。不過，只有 π 介子這種沒有自旋的粒子才能使用這種手法。

我們在第94頁中就有稍微提過什麼是自旋，譬如電子的自旋有正負2個值。π 介子的自旋為0，所以處理上相對簡單許多。不過，介子之外，自然界中還存在著各種有自旋的粒子（第128頁），這讓強交互作用的理論在實際上無法計算出結果。隨著夸克的登場，這個問題也獲得了解決，我們將在第11章中繼續說明。

光子的理論（電磁交互作用）也因為光子有自旋性質而變得相當複雜，不過光子的無限大問題已獲得解決。在第二次世界大戰的過程中，朝永振一郎與許溫格分別各自在日、美進行計算，證明了重整化理論適用於光子，確定光子理論並非空談，而是可以實際計算的理論。兩人（以及費曼）也因此獲得了1965年的諾貝爾獎。

話題回到W玻色子。到這裡，應該也大概猜得出來接著要談什麼了吧。如同我們前面提到的，與光子不同，W玻色子擁有質量；與 π 介子不同，有自旋的性質，所以計算出來的無限大部分沒辦法用朝永等人的方法處理。但這麼一來，W玻色子的理論就只是空談，無法成為正式理論。這個問題直到20世紀後半，用了好幾個新方法才成功解決了這個問題，這點將在第13章中進一步解說。

為什麼一般的原子核不會發生β衰變

要追究弱交互作用的根源，是件相當困難的事。不過在人們發現微中子之後，終於確立了β衰變的過程。在本章接下來的篇幅中，會說明與β衰變有關的各種自然現象。β衰變不只發生於放射性原子核的特殊現象，太陽之所以會發光發熱，也是因為β衰變。

隨著時間的經過，獨立中子會如第133頁的式子般發生β衰變，變成質子。被稱為放射性原子核的這種特殊原子核內的中子也會產生相同的現象。那麼，為什麼並非放射性原子核的一般原子核內的中子不會發生β衰變呢？

要是一般原子核內的中子也會發生β衰變的話，事情就麻煩了。我們體內的碳原子會因為增加1個質子而轉變成氮原子。原子變成另一種原子之後，化學鍵的鍵結方式也會跟著改變，原本含有碳的分子就會自行崩解，其他原子也一樣。當然，這種現象並沒有真的發生。

這是因為，核子之間有所謂的結合能。舉個簡單的例子，1個質子和1

個中子可結合成氘（重氫）的原子核。

試比較以下數值。這裡用的單位和前面提到粒子質量時用的單位相同。

獨立質子與獨立中子的質量和……………………1877.9

氘原子核（結合後的質子與中子）的質量……1876.0

2個質子的質量和………………………………1876.6

讓我們用上表來說明，為什麼氘原子核內的中子不會因β衰變而轉變成質子。首先請注意到，第2個數值大約比第1個數值小2。結合後的質子與中子，能量比兩者分離時還要少，而少掉的部分，就是兩者的結合能（相當於第73頁提到的電子功函數）。由靜止能量公式$E = mc^2$可以知道，能量愈低，質量就愈小。這就是為什麼第2個數值比第1個數值還要小。

這種因為粒子的結合而使質量減少的現象，稱為**質量虧損**（mass defect）。因為核力相當強，結合能很大，故可明顯觀察到這個現象。靜電力也有結合能，所以原子內的電子理應也會發生質量虧損現象，但由於減少的量過於微小，故觀測不到。

在氘原子核的例子中，若只關注中子的話，假設質子的質量不變，就表示中子會因為質量虧損而減少2。原本中子比質子還要重1.3，與質子結合後卻減輕了2，這表示氘原子核內的中子比質子還要輕。因此，這個中子不會發生β衰變。

除此之外，β衰變所生成的質子，無法與氘原子核的另一個質子結合也是一個原因。如果2個質子可以結合，便會發生質量虧損，使這個質子的質量減少。從中子變成質子時，質量便已減少，這下或許會變得比減輕的中子還要更輕。然而，實際上2個質子並不會結合在一起（會因為靜電力而互相排斥），所以不會發生這種事。假設氘原子核真的發生β衰變，那麼2個質子會彼此分開，總質量比原本的氘原子核（如前頁表所示）還要大。這表示，如果沒有額外的能量，氘原子核就不會因β衰變而變成2個質子。

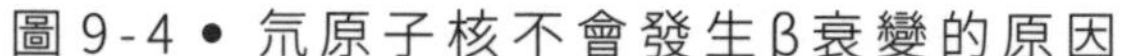

圖9-4 • 氘原子核不會發生β衰變的原因

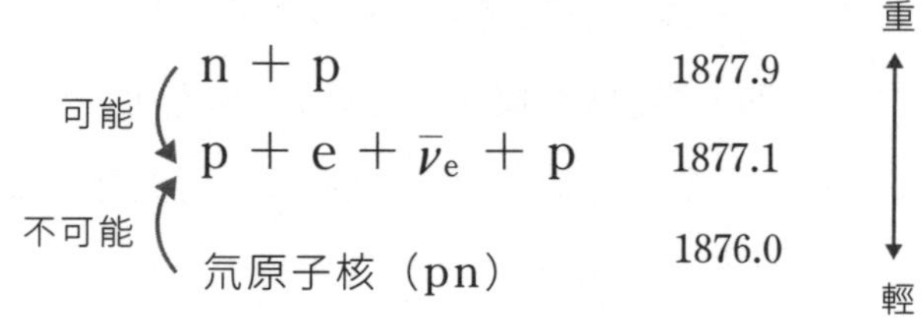

不可能轉變成較重的狀態

以上就是氘原子核內的中子不會發生β衰變的原因。質子與中子的結合相當強，這就是最根本的理由。自然界中沒有放射性的原子核，幾乎都是由於這個原因，所以不會發生β衰變。

因為質子與中子的結合力很強，所以核內中子實際上比原本還要輕。當中子轉變成質子時，平衡會崩潰，使原子核整體的結合力變弱，可能造成原子核分解。就算沒有分解，也會因為結合能變小，使質量虧損減少，整體變重。質量的增加會讓能量不夠用，所以不會自然發生這種反應。這就是為什麼一般原子核內的中子不會發生β衰變。拜此之賜，我們可以安心生活在這個世界。

相對的，某些情況下，中子因β衰變轉變成質子時，結合力可能會變得更強（或者結合力變弱的程度相當小）。這種原子核就是所謂的放射性原子核。核子為pnn組合的氚原子核就是其中一例，其中1個n轉變成p後，會變成ppn（氦3原子核），這種原子核的結合力也相當強，故質量不會增加。因此氚原子核是一種放射性原子核。

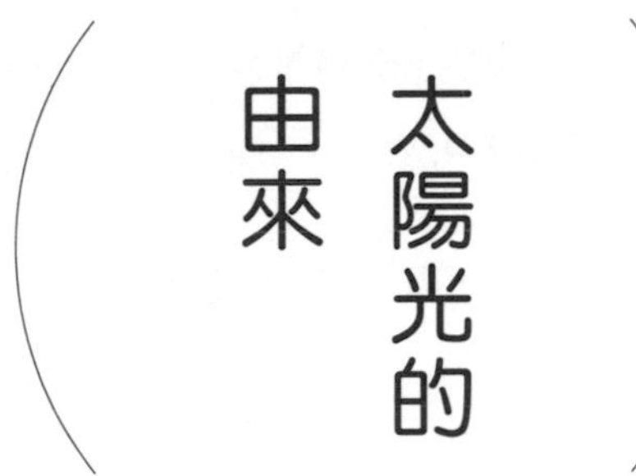

太陽光也和β衰變有關，最後讓我們來聊聊這件事吧。太陽幾乎可視為氫的集合體。從原子核的角度來看，也可以說太陽內充滿了許多獨立的質子。請記著這點，並思考以下過程。

$$\text{質子}\,p \rightarrow \text{中子}\,n + \text{反電子}\,\bar{e} + \text{電微中子}\,\nu_e$$

如同我們之前提過的，反電子一般會被稱為正電子。如圖9－5所示，

圖 9-5 • 質子的β衰變過程

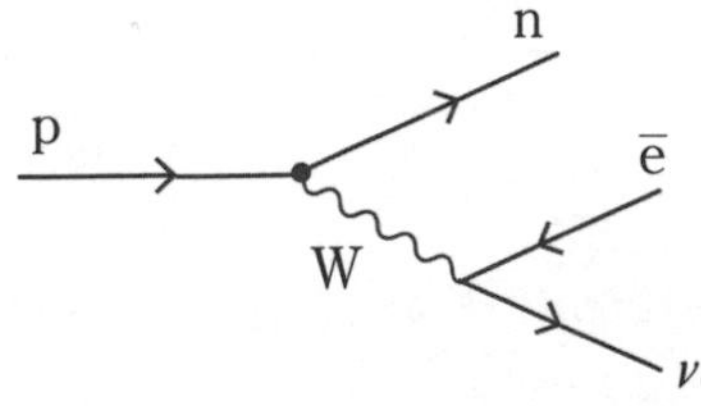

圖9-2的變化因為能量的關係，不會自發性地進行

這個過程是中子 β 衰變的相反過程，弱交互作用使此過程有發生的可能。不過（獨立的）中子比質子重，故以上過程不會在自然界中自然發生，因為能量不夠。

不過，如果這個質子的旁邊還有另一個質子的話，事情就不同了。以上過程中，在生成中子的同時，中子能與質子結合形成氘原子核（核融合）。如前面的說明，這會讓中子的質量減少，使上述過程可以克服能量的問題順利進行。整體過程如下所示。

質子p ＋ 質子p → 氘原子核（pn）＋ 反電子$\bar{e}$ ＋ 電微中子 ν_e

具體的質量計算如下。

質子＋質子的質量……………1876.6
氘原子核＋反電子的質量…· 1876.5

雖然只差一點點，但反應後的質量確實比較小（微中子的質量小到可以忽略）。因此上式反應可能發生，且減少的質量（靜止能量）會轉變成熱釋放出來（粒子會以很快的速度飛出）。以質量衡量時是很小的量，但換算

圖 9-6 • 質子與質子的核融合

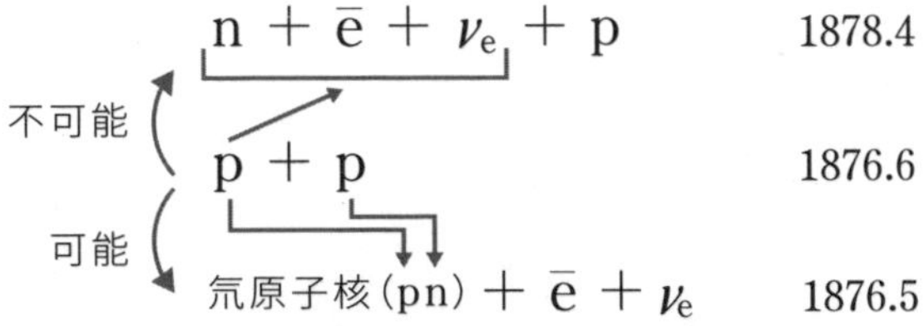

$n + \bar{e} + \nu_e + p$ 1878.4

不可能

$p + p$ 1876.6

可能

氘原子核（pn）$+ \bar{e} + \nu_e$ 1876.5

若p與另一個p結合，便可轉換成n

成熱時會變成很大的能量。

圖9－6列出了能量數值做為參考。一個反應的質量差異只有0.1，產生的能量卻相當於1個10億度的原子所擁有的熱能。與我們熟悉的熱相比，靜止能量可以說是不同數量級的大小。另外，圖9－6的反應所釋出的反電子，會與周圍的電子碰撞，產生光子（湮滅）。這個光子的熱會讓太陽光更為猛烈（電子與反電子的質量合計約為1）。只是這是弱交互作用，發生頻率非常低。也就是說，太陽整體的溫度並沒有到10億度那麼誇張。太陽表面的溫度只有數千度左右而已。相對的，上述反應會一點一點地進行，大約可以持續100億年。不過，太陽誕生至今已經過了約50億年，大約還可以繼續反應50億年。至於100億年後會變得如何，我們將在補章2說明。

這個反應為弱交互作用，會生成微中子。也就是說，太陽的發光過程中，不只會產生光子，也會生成大量微中子飛向地球。這些微中子平常會直接穿過我們的身體，所以無需在意它們的存在。我們將在第14章中介紹觀察來自太陽的微中子時獲得的重大發現。

以上是在太陽內發生的反應，但這個反應其實還有後續。新生成的氘原子核可以再吸收質子，形成氦3原子核。

氘原子核（pn）＋ 質子（p）→ 氦3原子核（ppn）

2個氦3碰撞後可生成氦4。

氦3原子核 ＋ 氦3原子核 → 氦4原子核（ppnn） ＋ 質子 ＋ 質子

圖 9-7 • 太陽內的核融合反應

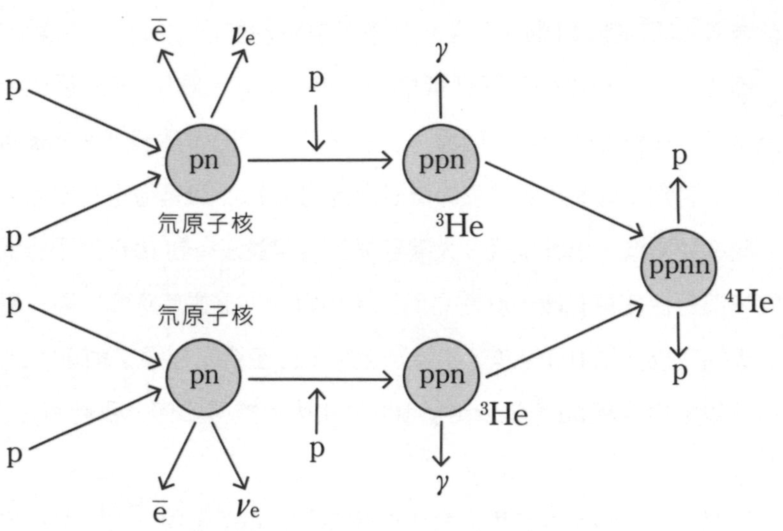

氦4原子核是存在於自然界的一般氦原子的原子核。輻射線中的 α 射線，本體就是氦4原子核。氦4原子核由4個核子構成，結合力非常強。原子核反應成氦4時便會告一段落。也就是說，隨著燃燒的進行，太陽內部的物質會逐漸轉變成氦4原子核。

PARTICLE COLUMN

人本原理

本章提到了「太陽為什麼會發光？」這個對人類來說極其重要的話題。因為有這個機制，使太陽能發光發熱近50億年，讓生命於地球誕生，並演化出人類。這一切之所以能夠發生，是因為第144頁中的2個數值間有0.1的微小差異，使得做為吸引力的核力，以及做為排斥力的靜電力能達到精巧的平衡。

那麼，為什麼會有這樣的平衡呢？有人覺得應該只是偶然，也有人覺得這是神的旨意，還有人提出了所謂的**人本原理**（anthropic principle）。簡單來說，人本原理認為「核力與靜電力的平衡方式有各種可能，不同的平衡方式會產生不同的世界，且這些世界同時存在（平行宇宙）。但這些世界中，只有少數幾個世界會有人類誕生。因為我們所在的世界中，存在寫下本書的我，以及閱讀本書的各位，所以也屬於『少數幾個世界』之一」。這種說法認為，因為人類存在，所以才會有這些物理定律，所以稱為人本原理。雖然有很多人支持，但也有認為這根本是直接放棄說明。

第10章

從核子到夸克

什麼是基本粒子？

如同我們在第3章中提到的，原子一開始被定義成無法再被分割的物質最小單位。到了20世紀，學界確立了新的原子樣貌，即「原子包含位於中心的原子核，以及在其周圍運動的電子」。

不久後，人們陸續了解到，原子核為核子（質子與中子）的集團。原子核有時會釋放出電子，後來人們發現那是中子轉換成質子的過程中生成的電子（β衰變）。另外，人們發現了介子這種粒子，介子由核子釋放、吸收，是負責將核子連結在一起的粒子。

在這個階段，人們一般認為核子與介子就是「基本粒子」。基本粒子的英文是elementary particle，也被叫做fundamental particle，意為不可繼續分割、構成物質的最基本粒子。

但不久後，許多資訊顯示這些粒子並非基本粒子。也就是說，核子或介子並非基本粒子，而是數個其他粒子集結而成的複合粒子。本章就先來解釋這點吧。

暗示核子與介子是複合粒子的各個事實

事實1：核子與 π 介子有許多性質相似，但質量特別大的兄弟粒子，也就是第127頁中提到的強子。

解　說：強子有數十種。為什麼這個事實暗示強子是複合粒子呢？

請回想一下我們在前一章中提到的原子核質量虧損。核子的結合強弱，會改變原子核的整體質量。核子之間的結合強弱所影響到的質量，不到整個原子核的百分之一。

另一方面，如果強子是複合粒子，且構成強子的粒子之間存在更強的力，那麼不同的強子，質量就會有很大的差異。事實上，核子的兄弟粒子中，有些粒子的質量可達核子的2倍。介子的兄弟粒子中，有些甚至比核子還要重。學者們認為，這是因為構成強子的基本粒子之間，結合力的強度有一定差異的關係。因為結合方式有很多種，所以強子的兄弟粒子也會有很多種。

事實2：（從光的散射實驗可以知道）核子佔有一定空間／有一定大小（另一方面，電子的大小測不出來）。

解　說：我們可以從光子打到目標物時的散射狀況，推測目標物佔據的空間大小。目標物佔據的空間愈大，前向散射程度就愈大，反向散射程度則會減弱。實驗顯示，電子可視為不佔據空間，核子則明顯佔據一定空間。那麼核子佔據的空間有什麼意義呢？

原子佔有一定空間，位於原子中心之原子核與周圍電子的間隔，可以看成是原子的大小。核子也佔有空間，這表示核子可能是複合粒子，構成核子之粒子的間隔，可以看成是核子的大小。

順帶一提，原子核的大小是各個核子的間隔，不過原子核內的核子之間結合得相當緊密，所以原子核的大小為核子大小的數倍。

以下2個事實，不只暗示了核子是複合粒子，也暗示了更基本的粒子如何構成核子。

事實3：質子的電荷為＋1、中子為0，另外還發現了電荷為＋2、－1的粒子（重子）。但除此之外，不存在其他電荷種類。

解　說：粒子的電荷為構成該粒子之粒子的電荷加總，所以可結合成重子的基本粒子至少有2種。此外，重子的電荷種類有限，所以組成重子的基本粒子個數也是有限個。

事實4：核子為費米子性粒子，介子為玻色子性粒子。

解　說：這只能用很理論的方式說明。我們在第94頁中有提到，粒子大致上可以分成費米子與玻色子。費米子遵守包立不相容原理，玻色子則否。這個差異非常重要，關係到「連接頂點的費米子必須為偶數」等理論中的必要條件。

事實4中，特地寫出費米子「性」與玻色子「性」是有意義的。只有「基本粒子」才能算是真正的費米子或玻色子。不過，如果複合粒子擁有奇數個費米子，就會擁有費米子「般」的性質；擁有偶數個費米子，就會擁有玻色子「般」的性質，所以事實4中特別加上「性」這個字。

學者們由原子核的研究結果了解到，核子為費米子性粒子，介子為玻色子性粒子。那麼應該可以想像得到，如果強子全由費米子構成，那麼強子中的核子應該是由奇數個費米子構成，介子則應該是由偶數個費米子構成。

當然，我們無法否認費米子與玻色子這2種粒子都有可能是複合粒子的成分。不過，不管複合粒子內含有幾個玻色子，都不會改變複合粒子擁有費米子性或擁有玻色子性的性質。所以，與費米子的數量有關的上述推論不會改變。

許多物理學家就根據上面提到的的各種事實，討論核子與介子等複合粒子如何由更基本的粒子構成。

在一開始的階段中，許多科學家們會把某種已知粒子（特別是核子）視為基本粒子，並視其他強子為複合粒子（由日本人提出的想法中，以坂田模型最為有名）。但這些想法都沒辦法同時完美解釋前面列出的4項事實（雖然也有幾種避開問題的方法）。

其中，最劃時代的想法，是由蓋爾曼與茨威格提出的**夸克模型**（1963年）。因為這只是一種可能的解釋，所以一般都稱之為模型。該模型指出，某種未知（尚未發現）的粒子是構成強子的基本粒子，蓋爾曼將其命名為夸克。以下我們將介紹這個模型。雖然這是個相當清爽的模型，但因為引入了未知粒子，所以也有不少人覺得不太舒服。

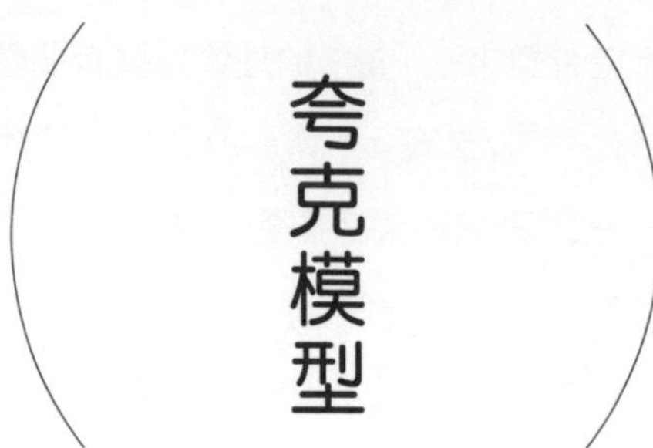

夸克模型

首先要說明什麼是夸克模型。

1 假設有2種粒子u與d（合稱為夸克q）。u的電荷為$\frac{2}{3}$、d的電荷為$-\frac{1}{3}$$\left(\text{反夸克}\bar{q}\text{的話，}\bar{u}\text{為}-\frac{2}{3}\text{、}\bar{d}\text{為}\frac{1}{3}\right)$。

u與d分別為up與down的首字母，因為有時會寫成$\begin{pmatrix} u \\ d \end{pmatrix}$種一上一下的形式，所以選用這2個字母。原本人們會把2種核子寫成$\begin{pmatrix} p \\ n \end{pmatrix}$也是一上一下的形式，把p倒過來就是d，把n倒過來就是u，這也是一種記憶方式。先不管這個，請記得u代表**上夸克／u夸克**，d代表**下夸克／d夸克**。

2 核子（以及所有的重子）都是由3個夸克構成的複合粒子。3個u或d的排列組合，共有4種可能，分別計算它們的電荷，可以得到以下結果。

$$\text{uuu}：\frac{2}{3}+\frac{2}{3}+\frac{2}{3}=+2$$

$$\text{uud}：\frac{2}{3}+\frac{2}{3}+\left(-\frac{1}{3}\right)=+1$$

$$\text{udd}：\frac{2}{3}+\left(-\frac{1}{3}\right)+\left(-\frac{1}{3}\right)=0$$

$$\text{ddd}：\left(-\frac{1}{3}\right)+\left(-\frac{1}{3}\right)+\left(-\frac{1}{3}\right)=-1$$

這可以解釋前面提到的事實3。這4種組合中，只有uud（質子）與

udd（中子）是核子。除了核子之外，u與d還可組成比核子略重的重子Δ（delta），且Δ有4種，可分別對應以上4種組合。

4種Δ：Δ^{++}、Δ^{+}、Δ^{0}、Δ^{-}

請注意這個部分與事實4之間的關係。假設夸克是費米子（實際上也確實是費米子），那麼由3個夸克構成的重子也會是費米子。

圖10-1 • 核子是由3個夸克構成的複合粒子

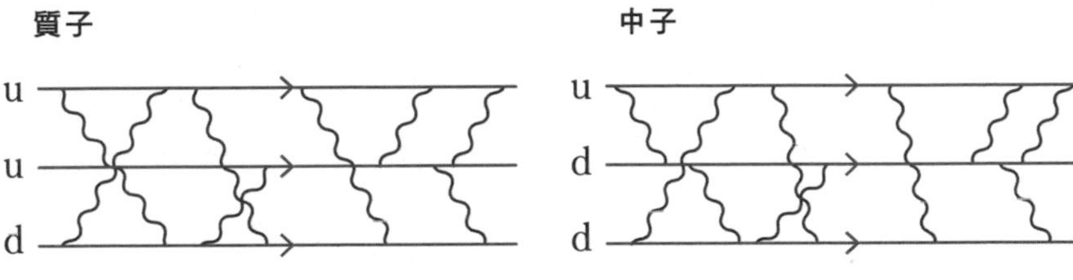

3個夸克會透過「交換膠子」（次頁）結合在一起

3 介子是由1個夸克和1個反夸克結合而成的複合粒子。有4種可能的排列組合，分別計算它們的電荷，可以得到以下結果。

$$u\bar{u}：\frac{2}{3}+\left(-\frac{2}{3}\right)=0$$

$$d\bar{d}：\left(-\frac{1}{3}\right)+\frac{1}{3}=0$$

$$u\bar{d}：\frac{2}{3}+\frac{1}{3}=1$$

$$d\bar{u}：\left(-\frac{1}{3}\right)+\left(-\frac{2}{3}\right)=-1$$

3種π介子，π^+、π^0、π^-都可對應到這些計算結果，譬如π^0就包含了$u\bar{u}$和$d\bar{d}$的組合。除此之外，還存在其他電荷為0的介子（都比π還要重），皆能對應到上述4種夸克組合。

這些結果也符合事實4。如果夸克為費米子，那麼反夸克也會是費米子，兩者結合後得到的介子便屬於玻色子。

圖10-2 • 介子是夸克、反夸克粒子對的複合體

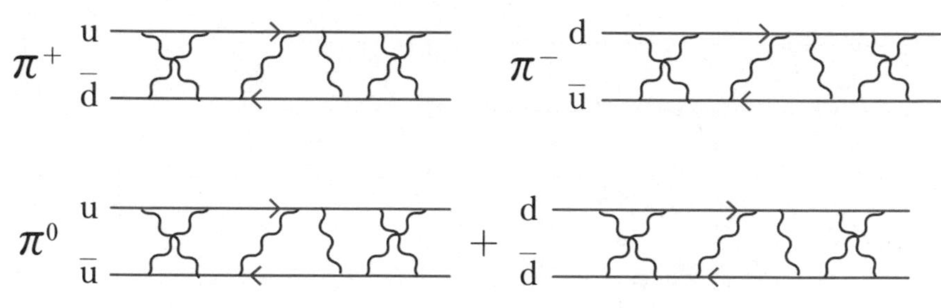

4 夸克與反夸克可透過交換粒子g（稱為**膠子**）結合在一起，形成**qqg頂點**，這就是強交互作用的基礎。膠子（gluon）是glue + on的造詞，glue是漿糊或是接著的意思。而膠子就是能將夸克緊密黏合在一起的粒子。因為與靜電力無關，故一般認為膠子不帶電荷。

核子內除了有3個夸克之外，還有許多膠子反覆生成、消滅。其中，膠子是玻色子，故不會影響到核子的費米子性質。

圖10-3● 夸克夸克膠子頂點

不過，蓋爾曼等人當初仍無法說明g這種粒子有哪些性質（譬如質量有多少）。當時提出的這個頂點反應過程，只是指出形式上這樣的頂點反應可行。過一陣子後，人們才對夸克有更深入的了解，而這是我們要在下一章談論的主題。

先不管膠子是什麼樣的粒子，總之它會和夸克形成這樣的頂點，所以它會和夸克或含有夸克的粒子產生強交互作用。電子或微中子不會與膠子形成頂點，所以不會產生強交互作用。

5 湯川的介子論中出現的核子核子介子頂點，可視為qqg頂點的衍生。具體的機制如圖10－4所示。重點在於生成π介子時，膠子會成對產生夸克與反夸克。

圖10-4 • 從夸克的層次說明π介子的生成

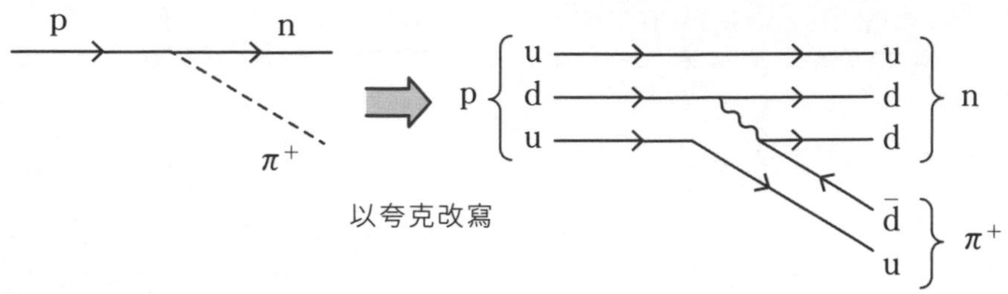

6 夸克也會參與電磁交互作用。夸克帶有電荷，故可產生qq γ 頂點，所以夸克也有靜電力。夸克間的膠子交換的力量相當強（因為qqg頂點很強），使光子交換現象變得比較不明顯，不過夸克和電子之間還是會正常地

圖10-5 • 夸克的電磁交互作用

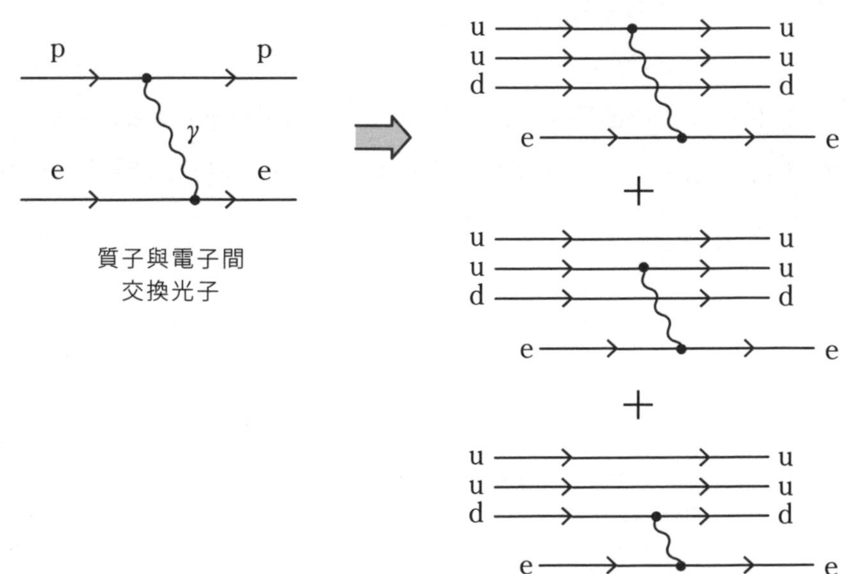

交換光子。核子與電子間的靜電力，其實是核子內的夸克與電子之間的靜電力作用結果。如圖10－5所示，電子會分別與核子內的3個夸克交換光子，所以電子可同時感受到來自3個夸克的靜電力。

圖10-6 • 夸克的弱交互作用

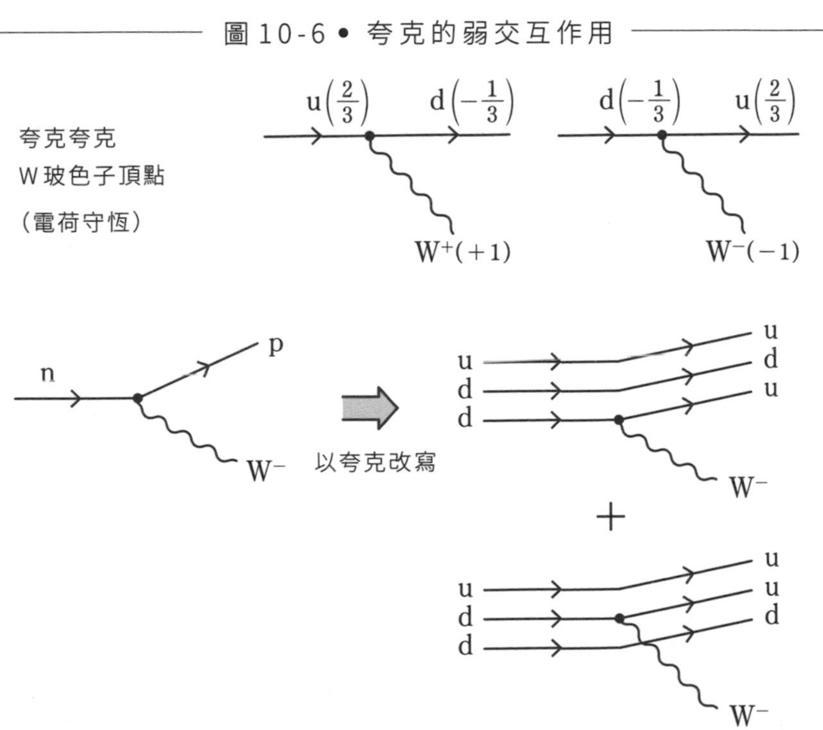

7 夸克也會參與弱交互作用，譬如qq'W頂點。核子之所以有弱交互作用，就是因為夸克有弱交互作用。頂點的基本反應過程如圖10－6所示。可以看到，各頂點的反應過程中，皆遵守電荷守恆定律（圖中的括弧皆寫有該粒子的電荷）。前一章中的核子、W玻色子的頂點也可以用夸克說明。

夸克模型的問題

夸克模型並沒有馬上被接受。最大的問題在於，沒有發現符合夸克性質的粒子。（假設質子的電荷是＋1時，）夸克的電荷是$\frac{2}{3}$與$\frac{1}{3}$這種非整數，如果可以單獨存在的話，應該能馬上找出來才對。事實上，也因為發展出了夸克模型，讓科學家們積極想找出這種電荷為分數的粒子，然而最後仍沒有找到這種粒子。

其中一個可能性是，夸克非常重，因此沒辦法單獨生成。主張這個論點的人認為，夸克原本非常重，卻會形成非常強的結合力，所以結合後的複合粒子會有很大的質量虧損，變得非常輕。但有些觀測結果顯示，如果夸克真的存在，那應該會非常輕才對（參考下一章）。然而畢竟當時的學者們並不了解夸克間有什麼樣的作用力，所以以上說法只被當作其中一種可能。

無論如何，在說明為什麼找不到夸克的同時，也得說明為什麼找不到夸克間的結合力來源——膠子。如果膠子也很重的話，為什麼夸克間的吸引力會那麼強？這個問題很難回答。

另外，為什麼現實中存在由3個夸克組成的複合粒子（核子、重子），卻不存在由2個或4個夸克組成的粒子呢？明明存在「夸克＋反夸克」的粒子（介子），為什麼卻找不到相當於「夸克＋夸克」之組合的粒子呢？

要解決這些難題，就得將夸克模型進一步複雜化才行。那就是1980年前後確立的量子色動力學。下一章我們就要來說明這個理論的內容。

PARTICLE COLUMN

「夸克」是鳥叫聲?

至今出現的粒子英文名稱都以「-on」結尾，這是用來表示粒子的後綴詞。相對於此，夸克（quark）顯然是個很不一樣的名字。只要是基本粒子物理學家，應該都聽過夸克的命名故事。詹姆斯．喬伊斯的小說《芬尼根的守靈夜》中的鳥會「quark, quark, quark」連叫3聲，蓋爾曼由此獲得靈感，便將新的粒子命名為夸克。除了核子內的夸克數量是3個之外，其實這本書和基本粒子物理學沒什麼關係。如果你想知道蓋爾曼是什麼樣的人的話，可以到YouTube上尋找他的演講影片。（從某些觀點看來）他可以說是個有點特別的人物。

PARTICLE COLUMN

nuclear democracy（核民主主義）

有個詞叫做**nuclear democracy**，出現於1960年代前後的基本粒子物理學界，不過剛出現沒多久，就馬上變成了死語。強子有無數種，故很難想像強子會是基本粒子。於是學界發展出了夸克模型，認為強子由夸克構成，這就是本章的內容。不過，這時的學界也熱烈討論著另一種概念。那就是將無數種強子視為同地位的基本粒子，因為所有基本粒子的地位相同，故取名為democracy。

假設有一個頂點的反應過程，由A、B、C等3種粒子構成。如果把這個頂點解釋成A與B結合，得到C的話，就相當於把C視為A與B的複合粒子。不過，如果把頂點解釋成B與C結合，得到A的話，就相當於把A視為B與C的複合粒子。同樣的，也可以把B視為A與C的複合粒子。每一種看法都有相同地位，所以沒有任何方法可以區分哪種粒子是基本粒子，哪種粒子是複合粒子，這就是核民主主義的基本精神。無數種強子可產生無數種頂點，而所有頂點都可以上述方法解釋，所以由無數種強子構成的強子集團，可以自行生成無數種強子，使這個世界整體的強子種類與數目達到平衡。

這種「用問題本身來解決問題」的方式，就像是一腳陷入泥沼的人拉起自己的鞋帶，把整隻腳拔出來的行為，所以也叫做**拔靴理論**。夸克當時仍屬於假想中的粒子，所以比起夸克，拔靴理論還比較符合科學精神，所以拔靴理論曾有一段時間是強子物理學的主流理論。

不過，在下一章中提到的1970年代新理論中，隨著實驗結果陸續出爐，這種拔靴理論很快就被放棄。「物理現象的規則背後，必定存在某個支撐理論的實體（本例中為夸克）」。核民主主義理論起落的故事，使這個觀念深植於我的腦中。

第11章

量子色動力學

夸克模型的另一個問題

前一章中提到，科學家們用夸克模型，順利解決核子與介子的幾個問題，但也產生了更大的新問題。

最大的問題就是前一章的最後所說的，為什麼夸克只會以特定組合出現？為什麼不能單獨出現？

要解決這個問題的癥結是前一章中沒有提到的，與夸克模型相關的另一個問題。前一章之所以沒有提到這個問題，是因為這個問題會用到相當複雜的數學，而我們希望能避免在本書中做出這樣的說明，所以以下將試著挑出比較直觀、易懂的部分講解。

核子的情況比較沒那麼直觀易懂，所以這裡我們用Δ^{++}粒子（重子的一種）來說明。前面有提到，這種粒子是由夸克uuu組成。精確來說，uuu這個夸克組合中，最輕的強子就是Δ^{++}。

比較這種粒子與擁有3個電子的鋰原子（第96頁）。前面提到，基態（能量最低的狀態）的鋰原子中，有2個電子可表示為沒有波節的波，剩下的1個電子可表示為有1個波節的波。

沒有波節的波能量最低，且電子傾向處於能量較低的狀態。但考慮到自旋，沒有波節的波最多只能容納2種狀態的電子，且包立不相容原理規定「不能有多個電子處於相同狀態」，所以第3個電子只能轉變成有1個波節的狀態。

Δ^{++}粒子有3個u夸克（上夸克）。研究其性質後發現，這3個u的波都沒有波節，處於相同狀態。

夸克與電子類似，都擁有自旋的性質，但3個夸克的自旋數值都一樣。這明顯違反包立不相容原理，也就是說，夸克不是費米子。但是由3個，也就是奇數個夸克構成的重子（譬如核子），明顯擁有費米子性，那麼夸克就應該是費米子才對，兩者明顯有矛盾。

質子（uud）或中子（udd）也有同樣的矛盾，但很難用直觀的方式說明，所以本書省略了質子與中子的說明。無論如何，乍看之下很合理的夸克模型，仔細研究後會發現許多事實與理論不符。

加了「色」的夸克模型

也有人提出，夸克不是費米子，也不是玻色子，而是某種新型態的粒子。不過後來，科學家們找到了新的方法來解決這個問題，且夸克仍可被視為費米子。

方法很簡單，只要假設上夸克u並非只有1種，而是有3種就可以了。構成Δ^{++}的3個u其實是種類不同的上夸克，既然種類不同，那麼波形與自旋數值相同也沒關係。

這種解釋方式乍聽之下像是在唬弄小孩，但其實沒那麼簡單。之所以會分成3種，是因為夸克有某些未知性質，而不同狀態的夸克，這些性質的數值也不一樣。

如果設定這些數值是1、2、3等簡單的數字，雖然可以解決包立不相容原理，卻無法進一步深入說明其他性質，故也無法解決夸克模型中最基本的問題。

於是物理學家引入了已存在於數學理論中的新型態的量。這種量叫做「**色**」，英語為color。當然，這和我們熟悉的顏色完全沒有關係。我們在第55頁中也有說明過，顏色之所以有差異只是因為電磁波的波長不同，和夸克的色沒有任何關係。不過，因為夸克的色在某些性質（三原色的性質）上與顏色類似，所以用「色」來稱呼這種性質。夸克的「色」有時會寫成形式上較專業的**色荷**（color charge），是電荷（charge或electric charge）這個用語的類推。

以下說明代入了「色」的修正版夸克模型，也就是有色的夸克模型。讓我們先從假說開始談起。

假說1：**各種夸克可分別再分成3種，每一種有不同的「色」（或稱之為「色荷」）。**

習慣上，我們會用光的三原色，紅、藍、綠來稱呼3種色荷。前面我們用u或d來表示單一夸克，加上色荷後，表示方式如下所示。

$$u \rightarrow u_r, u_b, u_g$$

$$d \rightarrow d_r, d_b, d_g$$

前面我們提到Δ^{++}時，把它寫成uuu，實際上則必須改寫成$u_r u_b u_g$才行。3個u為色荷不同的粒子，這樣就不會和包立不相容原理產生矛盾了。

不只是Δ，核子和其他重子也是由3種不同色荷的夸克組成的複合粒子，這樣就可以解決所有和包立不相容原理有關的問題了。

不過，光這樣還稱不上是解決問題，下一個假說才是重點。下一個假說也說明了為什麼我們要用「色荷」這個詞。

假說2：只有「無色狀態」的粒子，才能單獨存在。

夸克的色荷和現實中的顏色沒有任何關係。從數學的角度來看，是一種需要用群論說明的量，不是我們一般熟悉的數。用矩陣或向量等數學工具比較能說明清楚，但本書希望盡可能減少數學式的使用，所以會省略這部分的說明。

簡單來說，我們可以用有3個成分（3個波）的向量來表示1個夸克，而這3個成分可對應到3種色荷。

之所以用「色」這個詞來描述，是因為它的性質和我們熟悉的顏色有相似之處。不同的夸克有不同的色，而且夸克（或是反夸克）組合在一起後，色荷也會跟著轉變。但這並不表示紅色荷的夸克與綠色荷的夸克結合在一起時，會變成橙色荷的夸克。畢竟這和我們熟悉的顏色是不同概念，不能這樣直接類推。紅與綠的色荷結合在一起的狀態，我們通常稱之為「紅綠」的複合色。

也就是說，雖然沒辦法用現實中的顏色類推，不過「無色」的概念也適用於夸克的色荷。現實顏色中，紅、藍、綠混合後會得到無色。夸克也一樣，不過夸克的無色色荷不會特別再分成黑、白、灰，而是統一稱為無色。

說明到這裡，應該可以理解假說2想說什麼了吧。3個色荷不同的夸克結合在一起時，會轉變成無色狀態，即核子、Δ粒子等重子。夸克本身並非無色狀態，所以無法單獨存在，這就是假說2的重點。2個夸克、4個夸克都不是無色，必須是3個夸克（或者其倍數）才能組成1個粒子。

不過要注意的是，這個假說並沒有提到為什麼單獨存在的粒子必須為無色狀態。只是當這個假說成立時，可以說明「存在單獨的核子，卻不存在單獨的夸克」而已。

反夸克與介子的色

在說明為什麼單獨存在的粒子必須為無色狀態之前，要先說明反夸克與介子的色荷。

反夸克的色荷包括反紅、反藍、反綠等，它們的符號如下。

$$\bar{u} \rightarrow \bar{u}_r, \bar{u}_b, \bar{u}_g$$
$$\bar{d} \rightarrow \bar{d}_r, \bar{d}_b, \bar{d}_g$$

現實中並不存在反紅這種顏色，不過色荷畢竟只是顏色的類比，所以只要有個概念就可以了。也有人把反色荷想成是實際顏色中的補色，不過就算沒有類推到這種程度，應該也不會影響對色荷的理解。

介子是由夸克與反夸克結合而成的複合粒子。如果假說2正確，那麼介子必為無色狀態。譬如π^+為$u\bar{d}$，如果要使其成為無色狀態，就必須改寫成以下組合。

$$\pi^+ \rightarrow u_r\bar{d}_r + u_b\bar{d}_b + u_g\bar{d}_g$$

從色荷來看，分別是紅與反紅、藍與反藍、綠與反綠等3種夸克組合的加總。數學上，每一種組合都不能說是無色狀態，所以π^+必須是3種夸克組合以相同比例加總才行。但這麼一來，2個粒子分別有3種狀態，所以必須同時存在6個粒子才行，這實在不可能發生。這裡請把它們想像成$u_r\bar{d}_r$、$u_b\bar{d}_b$、$u_g\bar{d}_g$等3個狀態持續交替出現。至於這3種狀態如何交替出現，則會在後面的篇幅中說明。

狀態的交替出現也會發生在核子上。譬如質子在不考慮色荷的情況下，可寫成uud。如果考慮色荷，則需寫成以下組合。

$$質子p：u_r u_b d_g + u_g u_r d_b + u_b u_g d_r$$

請注意每一項中，d的色荷各不相同。

——楊—米爾斯—內山理論

本節內容與夸克模型無關，卻是物理學的發展過程中相當重要的故事。這幾乎是純粹的理論推導，和現實世界無關，不過之後會和夸克模型結合得到劃時代的理論。

在現代基本粒子物理學中，「規範場論」是一個關鍵的專有名詞。說明這個詞時，需回到19世紀的電磁學理論（第58頁的馬克士威理論）。電場與磁場的源頭為電荷或電流。另外，電荷需遵守電荷守恆定律，即使物質產生變化，電荷總量仍不會改變。電荷守恆定律與電場及磁場的行為有關，若用數學方式表示這個概念，可得到「規範變換的不變性」，簡稱**規範不變性**。

因為這涉及到很複雜的數學，所以本書不深入討論，只要有一個大致的概念就好。

進入20世紀後，人們了解到電磁波的實體是光子這種粒子後，規範不變性仍可適用於相關討論。光子的理論中，「規範不變性」仍未改變，由此可以推導出，光子的質量必須嚴格為0。光子有沒有質量一事，是科學家們常討論的問題之一。不過在「規範不變性」的理論成立之下，光子的質量必須嚴格為0（不過在某些情況下也可能不是這樣，我們將在第13章中談到這點）。

規範不變性在朝永等人推導重整化理論（第139頁），處理光子反應過程中會出現的無限大問題時，佔有相當重要的角色。電子與質子的電荷大小會嚴格相等，也是因為規範不變性。由此可以看出規範不變性是相當重要的概念。

規範不變性在靜電力理論（光子理論）中亦成立。這個理論中，只有質量為0的粒子（光子）登場。這種粒子在數學上稱為**規範粒子**，不過存在於現實世界中的規範粒子只有光子。

楊振寧、米爾斯以及內山龍雄建構了一套理論，使多種規範粒子能以相當複雜的形式融入在同一個框架內（1954年）。談論規範粒子的理論統稱為規範場論。光子的理論為**可交換規範場論**，楊－米爾斯－內山的理論稱為**非交換規範場論**。之所以稱為非交換，是因為數學式中存在不能改變運算順序的量（非交換量）。應該不難想像這是個相當複雜的理論吧（知道矩陣是什麼的人，可以回想一下矩陣的非交換性）。

順帶一提，1954年時，內山並沒有發表自己的研究論文。據說是因為他在日本的研討會中提出這個理論時，遭到了嚴厲的批判。正常來說，應該要以規範不變性為出發點，推導出相關結果才對。內山卻在還沒發現光子以外的規範粒子的情況下，用光子的質量為0推導出規範不變性，這實在有些本末倒置。然而就在這年，來到美國的內山看到楊和米爾斯的論文後大吃一驚，於是寫下了適用於廣義相對論情況的論文。卻也因此，錯失了成為非交換規範場論創始者的名譽。非交換規範場論一般稱為楊－米爾斯理論，不過在日本，為了紀念內山，有不少人會稱其為楊－米爾斯－內山理論。

無論如何，這些都只是以「在現實上不知道能做什麼用」為前提進行的數學討論。

不過歷史上，美麗的數學理論偶爾還是能在現實中找到某種能與之對應的事物。而夸克的色荷假說，就是以非交換規範場論為基礎而成立的假說，屬於**量子色動力學**。英語稱為quantum chromodynamics，chromo是顏色的意思。

漸近自由性

要說明夸克不能單獨存在，就必須證明夸克間的距離增加時，夸克間的力量也不會迅速衰弱。光子的質量為零，所以可以抵達極遠處。然而靜電力仍會隨著距離而衰弱，就像重力一樣，與距離平方成反比，逐漸減少。而夸克理論必須實現「即使拉開距離，力量也不會減弱」這種過去沒有人想過的狀況。

而此時便是非交換規範場論的登場時機。而這個理論應用在量子上的契機，並非用來說明相距遙遠的2個粒子，而是說明2個粒子接近時，力會如何作用。

在1970年代的基本粒子物理學界，夸克是否為基本粒子一事，正是當時的討論核心。

當時的人們致力於將擁有超高能量的虛光子撞擊核子，再觀察其反應的實驗。所謂的能量超高，就是指波長很短。因為波長很短，所以當這種虛光子撞擊內部組成不同的核子時，應可得到不同的結果才對。雖然這裡很難說明其細節，不過可以知道夸克在核子內部的活動十分自由，幾乎不會受到膠子的影響。夸克之所以沒辦法離開核子，是因為膠子把夸克緊緊綁在核子內，但是在核子內部的夸克卻幾乎不會受到膠子的影響，聽起來很神奇吧。

而且，核子內的夸克不只不會受到膠子的影響，就像是很輕的粒子一樣，還擁有$\frac{2}{3}$、$-\frac{1}{3}$這種非整數的電荷。

科學家們提出了各式各樣的理論來說明這種狀況，不過只有非交換規範場論（不同於其他理論）指出，在細小的尺度下，力量會減弱（1973年）。與其說力量減弱，不如說距離縮短時「夸克與膠子的結合會變弱」比較正確，這表示在細小尺度下，夸克的活動變得更為自由，故也叫做（短距離下的）**漸進自由性**。既然在短距離下結合力會變弱，可以想像得到，長距離下結合力應該會變強才對。若拉長距離時力量也不會變弱，就可以說明為什麼夸克會被關在核子內（**夸克禁閉**）。

另一方面，「粒子為無色狀態時，就不會有長距離的力量」這點也很重要。如圖11－1所示，3個夸克集合在一起時呈無色狀態，力量彼此抵消。這種情況就像是，整體電荷為0的原子，不會受到遠方靜電力的作用（至少會變得非常弱）一樣。

圖 11-1 • 無色狀態下的膠子作用力

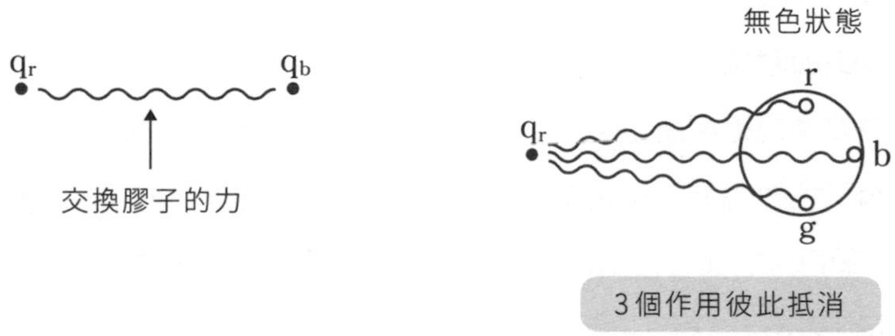

於是，非交換規範場論登場後，便成了可說明夸克間作用力的唯一理論。前一章中提到的膠子，也就是夸克間彼此交換的粒子，就是這個理論中登場的規範粒子。

科學家們仍未能嚴格證明夸克無法單獨出現一事（夸克禁閉），不過已可用各種近似方式，用各種理由間接性地證明這件事。在另一個與夸克模型稍有不同的理論中，可以嚴格計算並證明夸克禁閉現象，且電腦的數值計算中，也可以得到意義上等同於夸克禁閉的結果（不過數值計算不能算是嚴格的證明）。綜上所述，物理學界已大致認可強交互作用在夸克層次下的正確理論為非交換規範場論。適用這種夸克模型的理論，統稱為**量子色動力學**。

關於量子色動力學

以下將試著在可說明的範圍內，具體說明什麼是量子色動力學。

(1) SU(3)理論

非交換規範場論（楊－米爾斯－內山理論）是一系列理論的一般性名稱，量子色動力學是其中的一部分，稱為SU(3)理論。這裡的(3)，意為夸克有3種色。前面也有提到，色可以表示成3種成分的向量，所以這個理論可以用3列3行的矩陣來說明。

這裡只要知道這種矩陣為SU(3)就好，不用在意細節。之後的章節中還會出現SU(2)、U(1)等符號，只要記得提到SU(3)時，是指夸克的強交互作用理論就好。

夸克除了可以用色荷區分之外，也有u和d的差別，不過這個分類就和量子色動力學沒有關係了。u、d夸克可分別滿足量子色動力學。（或許是因為覺得有趣？）基本粒子物理學家將u、d的差異稱為**味**（flavor）。強交互作用是與色荷有關的理論，與味有關的理論則是弱交互作用（參考下一章）。

(2)膠子有8種

光子理論中，規範粒子只有光子1種。光子可由帶電荷粒子與相關頂點生成，不過光子本身並沒有電荷。

相對於光子理論，量子色動力學中的規範粒子（膠子）則有8種。膠子可由帶色荷的粒子（夸克）與相關頂點生成。而且，膠子本身帶有色荷，也存在僅由膠子構成的頂點。這就是膠子理論的複雜所在，也是它的有趣之處。

首先來看看夸克與膠子的頂點。下一頁的圖11－2為其中一個例子，夸克的色荷會在頂點處改變。

我們可以想成膠子會帶走色荷，或者帶入色荷。為了說明膠子的色荷，我們可以把頂點改寫成夸克與反夸克的湮滅過程。湮滅過程前後的粒子，總電荷不會改變。如果總色荷也不會改變的話，圖11－2中的膠子色荷就必須是（紅、反藍）的複合色。

圖 11-2 • 膠子的色與反色的複合色

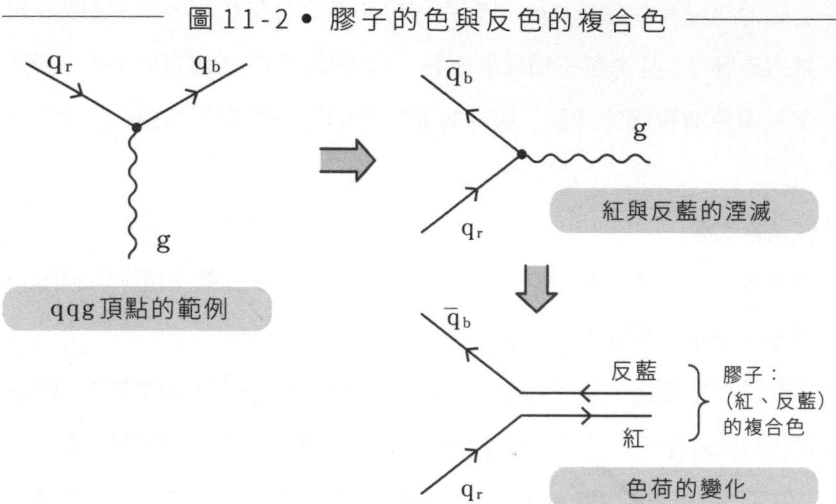

色有3種，反色也有3種，所以色與反色的組合共有$3 \times 3 = 9$種。前面提到的π介子的色荷組合（第168頁）必須為無色。同樣的，除了「紅與反藍」之外，應該還存在8種由複合色組成的膠子才對。

介子內的夸克會透過交換膠子，不斷改變色荷與反色荷的組合，由此可見膠子應為複合色（圖11－3）。

圖 11-3 • 介子的色荷改變過程

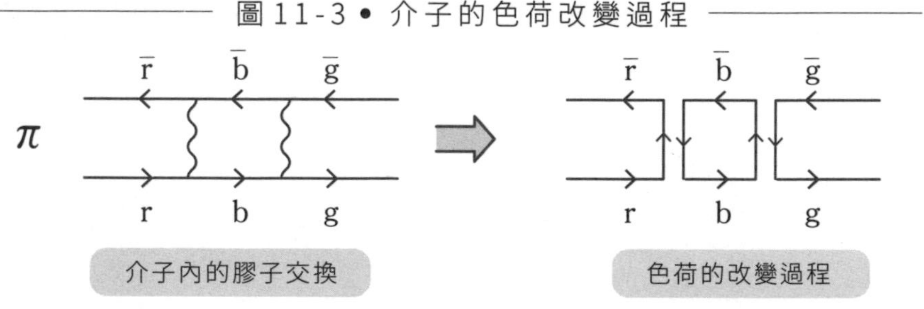

膠子本身也有色荷，所以我們可以畫出只有膠子的頂點。如果具體寫出色荷，可以表示成圖11－4的樣子。

圖 11-4 • 膠子頂點的色荷改變過程

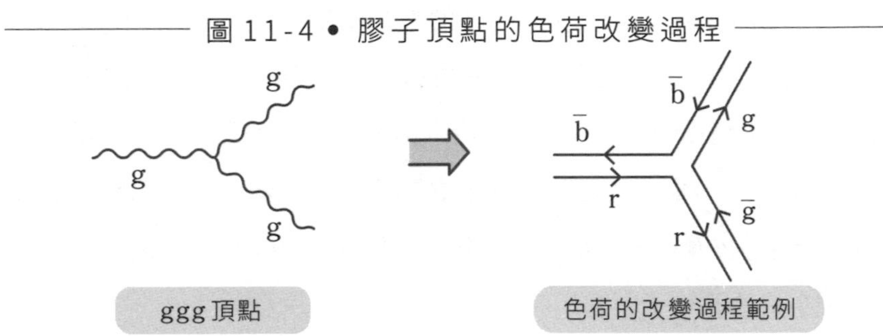

膠子本身有色荷，就表示我們沒辦法分離出單獨的膠子。膠子會彼此牢牢吸引，無法分開。不過，2個或3個膠子組合在一起時，可轉變成無色狀態，目前已發現可能處於這種狀態的粒子，雖然還無法確定。

(3)由膠子構成的橡皮筋

介子是由夸克與反夸克結合而成的粒子。這2個粒子之所以不會分開，是因為有夸克禁閉現象，既然如此，便可將其比喻成「以橡皮筋連接在一起的夸克與反夸克」。**只要橡皮筋沒有斷裂，即使距離拉開，力量也不會變弱**，所以2個粒子不會分離。

圖 11-5 • 夸克與反夸克的結合

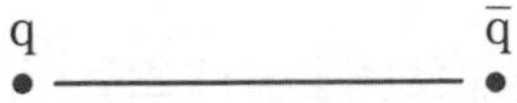

q $\bar{q}$

以「橡皮筋」連接在一起的q與$\bar{q}$

原子內的原子核與電子之間會以靜電力互相吸引，但如果從外界給予刺激（譬如用電磁波照射），就可以將電子拉出來。也就是說，原子核與電子之間並沒有繩子般的東西把它們綁在一起。

膠子產生的力與靜電力（光子產生的力）的差異如下所述。原子核的靜電力所產生的電場（或者說是光子）會往四面八方擴散出去，距離愈遠，效果愈弱。不過膠子不同，夸克釋放出大量膠子後，這些膠子會彼此吸引、纏繞，就像繩子一樣往外延伸。光子之間不會彼此吸引，然而膠子之間（透過只有膠子的頂點）卻會彼此影響、彼此吸引。科學家們認為，現實中確實有發生這種現象。

圖 11-6 • 由膠子形成的繩子

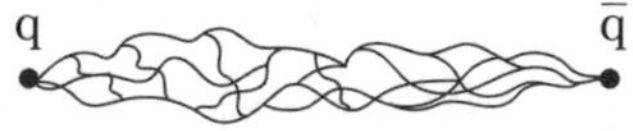

無數個膠子可纏繞成「繩子」

那麼，由膠子構成的繩子可以被切斷嗎？膠子的流動不會在某個地點毫無理由地突然消失，所以在某種意義上並不會被切斷。不過當附近有夸克或反夸克時，膠子就會被這些粒子吸過去。也就是說，繩子的中間如果生成了1對夸克、反夸克粒子對，延伸到該處的膠子就會被這對夸克／反夸克粒子吸收，使繩子斷開。

這個過程可以畫成右頁的圖11－7。繩子並非單純斷開，而是在斷開位置生成新的夸克與反夸克，使繩子分成2段、改變端點。

圖 11-7 • 介子分裂成2個

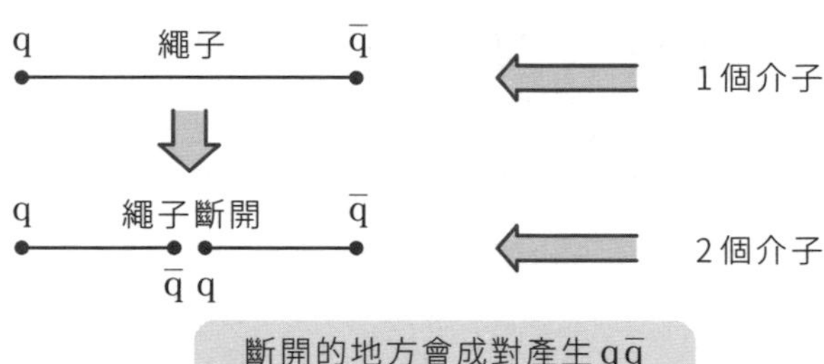

這個過程其實是自然界中很常發生的現象。ρ（rho）介子是種稍重的介子，當ρ介子從中間斷開時，就會變成2個π介子（衰變）。將這個過程以夸克表示時，可以得到下一頁的圖11－8。由本圖應該就能理解粒子的成對產生造成繩子斷裂，再生成2個介子的過程了。

核子轉變成核子與介子的過程（圖10－4）也是這個過程的變形。夸克、反夸克成對產生，使繩子在該處斷裂，造成1個原本在核子內的夸克離開核子。

圖 11-8 • 介子衰變的流程

介子M衰變成2個介子 $\mathrm{M} \longrightarrow \mathrm{M}_1 + \mathrm{M}_2$

譬如 $\rho \longrightarrow \pi + \pi$

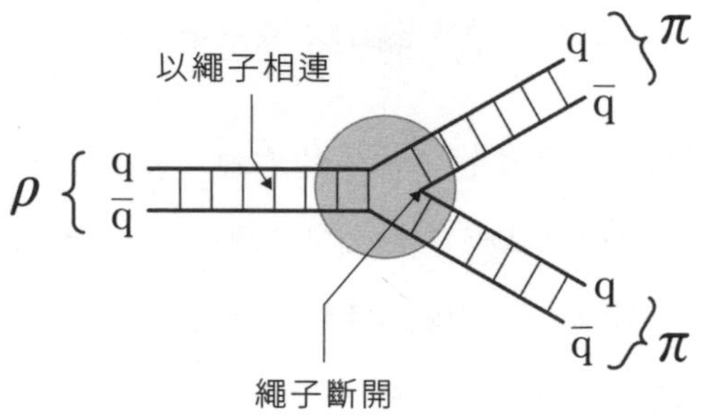

繩子斷開的現象，與棒狀磁鐵斷開時的情況有些相似。棒狀磁石的兩端為N極與S極，我們卻無法將磁極單獨取出。假設我們可以在不破壞整個磁石的情況下，將棒狀磁石切成2段，那麼剖面處就會再生成新的N極與S極。這和圖11－8中，斷開處生成新的夸克與反夸克的過程有些相似。

但兩者情況不完全相同。磁石的N極與S極並非獨立部分，不管把磁石切得多小，N極與S極仍為一體兩面。另一方面，夸克與反夸克為獨立存在的粒子，只是無法單獨分離出來而已。

證明色的存在（有3種色）的實驗性「證據」

前面我們用有些牽強的方式，說明了夸克有3種不同的色荷，卻說實際上只能觀察到無色狀態的粒子，那色荷這種性質真的存在嗎？或許會有人覺得這是在唬弄人。有沒有直接性證據可以證明「色」這種性質真的存在，或者u夸克真的可以分成3種呢？

證明這件事的是電子、正電子湮滅實驗。在本書後面的內容中，這類實驗還會登場多次，所以這裡將簡單說明這個實驗。

本章以及下一章中都會提到所謂的直線加速器（linear accelerator），簡稱LINAC。直線加速器可將管路中的帶電粒子沿著直線加速，醫療領域中也常用到這類裝置。實驗中，研究人員會用直線加速器將電子與正電子（反電子）沿著直線加速，並使其正面相撞。在1970年代到1980年代，最活躍的直線加速器便屬位於加州史丹佛的SLAC國家加速器實驗室，這是一個全長達2英里（約3.2km）的巨大裝置。

為質子加速時，一般會讓粒子在環狀加速器內旋轉加速，較輕的電子卻無法這麼做。因為要是電子速度過快，在軌道彎曲時會釋放出電磁波，進而失去動能（就和第38頁中，考慮電子在原子內的運動時會碰到的問題一樣）。因此，這個時候就需要使用能夠一口氣直線加速的直線加速器。

電子與正電子互為粒子與反粒子的關係，所以兩者相撞時會互相湮滅，產生虛光子，而這個虛光子會馬上轉變成其他粒子、反粒子對（第112

頁）。

新生成的粒子反粒子對可以是原本的電子、正電子對，也可以是其他粒子以及其反粒子構成的粒子對，只要新電子對比一開始相撞的電子與正電子的能量還要小就可以了。於是研究人員用史丹佛直線加速器提高電子與正電子的能量，並使其相撞，成功獲得了許多過去未曾發現的新粒子對（將在下一章介紹）。

除此之外，研究人員也統計了$u\bar{u}$粒子對、$d\bar{d}$粒子對的生成頻率這種看似平凡無奇的研究結果，這就是接下來要說明的部分。

夸克無法被單獨分離出來，所以我們無法直接觀察到新生成的u或d。虛光子生成的夸克、反夸克會彼此遠離，但因為膠子的作用，使夸克與反夸克無法逃離彼此的束縛。不過就像我們前面提到的，夸克與反夸克分離的同時，中間會生成新的$q\bar{q}$對，舊夸克與反夸克會分別與新的q與$\bar{q}$配對，逃離原本配對對象的束縛。用前面提到的繩子來比喻的話，可以想像成繩子被切成數段的樣子。整個過程如下方圖所示。

圖 11-9 • 由電子、正電子的湮滅生成強子的過程

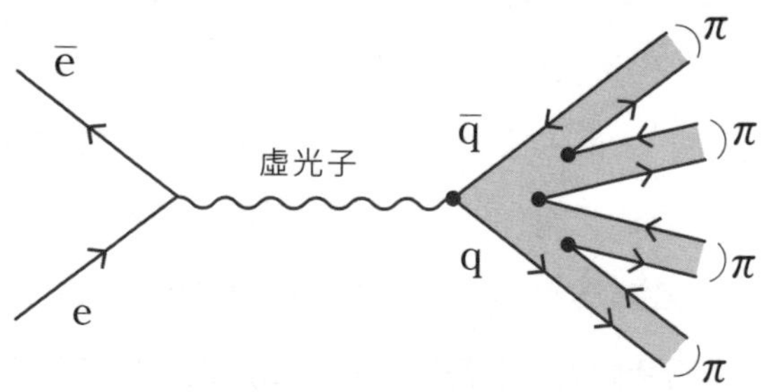

最後產生的介子與核子，都是最初生成的夸克、反夸克粒子對經過一系列反應過程後生成的粒子。所以，觀測最後產生的介子與核子，就可以間接知道虛光子生成夸克、反夸克粒子對的頻率。

夸克的種類愈多，這個生成頻率就愈高。因為每一個夸克都會經歷這樣的過程。前面我們提到的夸克只有u、d這2種。事實上，還有一種相對較輕的s夸克（將在下一章說明），評估實驗結果時，必須將這種夸克造成的影響考慮進去。不過後來發現的夸克都相當重，要是一開始的粒子束能量很低的話，就可以無視這些新發現的夸克造成的影響。

然而，要是所有夸克都有色荷的性質，那麼夸克種類就會變成3倍。同時，介子等強子的生成頻率也會變成3倍。實際上觀察到的生成頻率，也和「夸克有色荷性質」的前提下得到的計算結果相同。因為生成頻率確實變成了3倍，所以色荷理論應該不會錯。於是，這樣我們就用實驗證明了「各種夸克分別都有3種不同的色荷」。

內容整理

至此，我們提到了許多基本粒子與頂點。雖然這些不是全部，但可以說主要角色都已經到齊了。以下就整理一下前面提過的各種基本粒子與力（交互作用）吧。請再確認一次自己是否真的理解了。

基本粒子的分類

費米子

夸克q（u與d，各有3種色）、電子e、電微中子 ν_e

交換用粒子（玻色子）

膠子（8種）、光子、W玻色子（2種）

交互作用（頂點）的分類

強交互作用

擁有色荷的粒子透過膠子g相連的頂點。
只包含qqg頂點。

電磁交互作用

擁有電荷的粒子透過光子γ相連的頂點。
包含qqγ與eeγ，不存在$\nu\nu\gamma$。

弱交互作用

透過W玻色子相連的頂點。
包含udW頂點與eνW頂點。不會改變色荷，卻會改變「味」。

第12章

新粒子的發現

故事還沒完！

科學家們有種「自然界中的所有物質，僅由少數幾種基本粒子構成」這種「先入為主」的觀念。然而已知的粒子中，有數十種粒子（用不同的計算方式，甚至可以到100多種）的性質與核子（質子與中子）、介子相似，卻比它們還重。這些粒子總稱為強子，也有人開玩笑說它們是「粒子的動物園」。

但隨著夸克模型的提出，指出所有粒子都是2種夸克u與d的複合粒子之後，事情有了轉機。雖然因為u與d有色荷性質，使種類數還要再乘以3倍（也就是6種），不過和有100多種的強子相比，夸克的種類顯然少了許多。至於電子與微中子，則依然被科學界視為是自然界中的基本粒子。

可惜的是，故事還沒結束。隨著20世紀對宇宙射線的研究，以及加速器的實驗，科學家們陸續發現許多應被視為基本粒子的新粒子。這就是本章的主題。

雖然陸續發現了許多新粒子，整體而言，這些粒子仍然遵照著一定的規則。至於是什麼規則，只要稍加整理到目前為止曾經介紹過的基本粒子性質，就可以看得出來了。所以這裡讓我們先來複習一下前面提過的各種基本粒子。

我們曾提過，粒子大致上可以分成費米子與玻色子（第94、184頁），兩者差別在於是否遵守包立不相容原理。做為力（交互作用）的媒介的粒子，即膠子、光子、W玻色子等，皆屬於玻色子。其他粒子皆屬於費米子，而費米子還可以再分成夸克與輕子。**輕子**這個詞是第一次在本書中出現，是不參與強交互作用，即不與膠子形成頂點之費米子的總稱。前面提過的粒子中，電子與微中子就屬於輕子。

本章接著要介紹的，在20世紀中期以後陸續發現的新粒子，都可用上述方式分類。為了避免之後感到混亂，先在此預告各種粒子的特性。

●**後來又發現了4種夸克。**依發現順序（由輕到重），分別是奇夸克（s）、魅夸克（c）、底夸克（b）、頂夸克（t）。不過，科學家並非發現單獨存在的夸克，而是發現含有這些夸克的複合粒子（強子）。夸克有紅、藍、綠3色（color），也可依「味（flavor）」分成u、d、s、c、b、t等6種。故總共有$3 \times 6 = 18$種夸克。

●**後來又發現了4種輕子。**包括緲子（μ粒子，mu）、陶子（τ粒子，tau）以及隨之而生的微中子ν_μ與ν_τ。雖然輕子沒有色荷，卻和夸克一樣可分成6個「味」（前面曾介紹過，緲子是π介子衰變後產生的粒子，不過沒有詳細說明它的性質。這裡則將其視為新粒子，重新介紹一遍）。

第184頁的表所列出的夸克與輕子包括（u、d、e、ν_e），這些粒子屬於**第一世代**。而（c、s、μ、ν_μ）屬於**第二世代**，（t、b、τ、ν_τ）則屬於**第三世代**。雖然一口氣介紹了許多粒子（費米子），不過只要想像它們是同一組粒子重複出現3次，就能明白這些粒子的性質並非毫無規則。

●**做為作用力媒介的粒子中，科學家們首先找到了過去被認為只存在於理論中的W玻色子，接著又發現了W玻色子的兄弟——Z玻色子。**

●**最後，科學家們發現了過去被認為不屬於任一類粒子的希格斯粒子（後證實為玻色子）。**這種粒子是自然界中（幾乎）所有粒子的質量來源。希格斯粒子的發現，可以說是20世紀基本粒子物理學的一個重要里程碑（但不是最終目標)。

接著我們會個別說明新粒子的特性，不過W玻色子、Z玻色子、希格斯粒子則會放到下一章中說明。

——第 3、第 4 種輕子

緲子有時會稱為 μ 粒子、muon，這些稱呼都是指同一種粒子。緲子的電荷為 -1（與電子相同），反粒子 $\bar{\mu}$ 的電荷自然是 $+1$。質量為105（設電子的質量為0.5），比 π 介子略輕。

緲子的頂點與電子類型相同（圖12－1）。基本上緲子與電子只差在質量，故緲子也被叫做「較重的電子」。曾有一段時間，科學家們完全不知道這種粒子有什麼作用。現在的基本粒子物理學界將它歸類為**第二世代的電子型粒子**，確立了它在基本粒子清單中的定位。

圖 12-1 • 與緲子有關的頂點

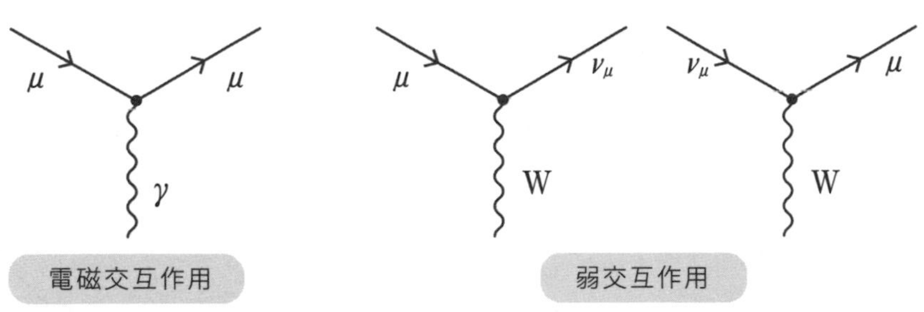

曾有一段時間，科學家們在爭論電微中子 ν_e 與 ν_μ 是不是同一種粒子。如果兩者是同一種粒子，就表示這種粒子可以轉變成電子，也可以轉變成緲子，並產生不同反應。後來證實兩者為不同粒子。近年來（又多加了陶微中子 ν_τ），學界確認到這3種微中子會在飛行過程中互相轉換，稱為**微中子振盪**。這會讓原本的理論出現很大的問題。梶田先生獲得2015年諾貝爾獎的原因，就是發現了這個現象。我們將在第14章中說明什麼是微中子振盪。

如同我們在第124頁中提到的，科學家們是從宇宙射線在雲室產生的軌跡中發現緲子（1936年）。這是在宇宙中飛行的質子與空氣中的原子核相撞生成的 π 介子衰變後的產物。過程如下。

$$\pi^- \rightarrow \mu + \bar{\nu}_\mu \quad 或 \quad \pi^+ \rightarrow \bar{\mu} + \nu_\mu$$

π 介子是由d與$\bar{\text{u}}$（或者是u與$\bar{\text{d}}$）構成的複合粒子，故可畫成下一頁圖12－2的反應過程。

圖 12-2 • 緲子的生成

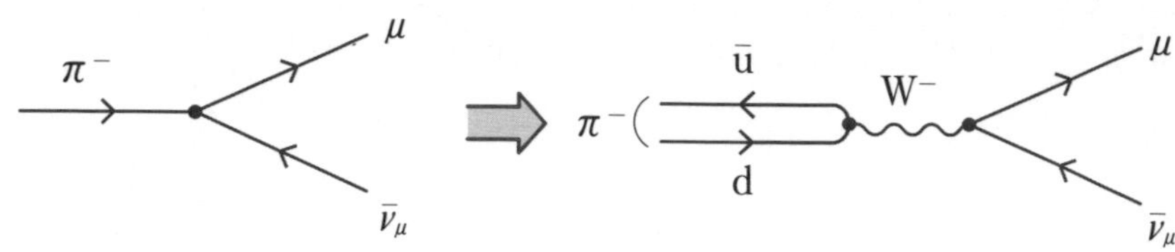

上圖的反應過程之所以能夠實現，是因為 π 介子的質量為140，比緲子的質量105還要稍大一些的關係。微中子（幾乎）沒有質量。

緲子接著會再衰變成電子e與2個微中子。

$$\mu \rightarrow e + \bar{\nu}_e + \nu_\mu$$

這也叫做緲子的 β 衰變，反應過程如下圖所示。

圖 12-3 • 緲子的 β 衰變

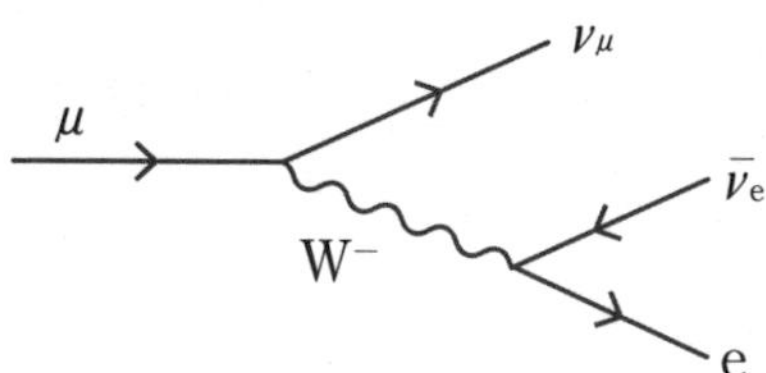

電子的質量為0.5，所以這個反應過程可以自然發生。雖然緲子無法長期存在於自然界，不過，在高空生成的緲子，抵達地表前仍不會全部衰變完畢。也就是說，我們的身體偶爾會沐浴在緲子之下。但不會有人感覺到這件事，畢竟緲子的量也沒有多少，這些緲子通常會直接穿過我們的身

體。

近年來，緲子造影的技術逐漸受到矚目，這是利用緲子束拍攝像是X光片的技術。X光片是用光子束（X射線）拍攝出來的照片，緲子束的穿透力比X射線還要強，故可用來探測核能發電廠、金字塔或是火山內部的樣子。

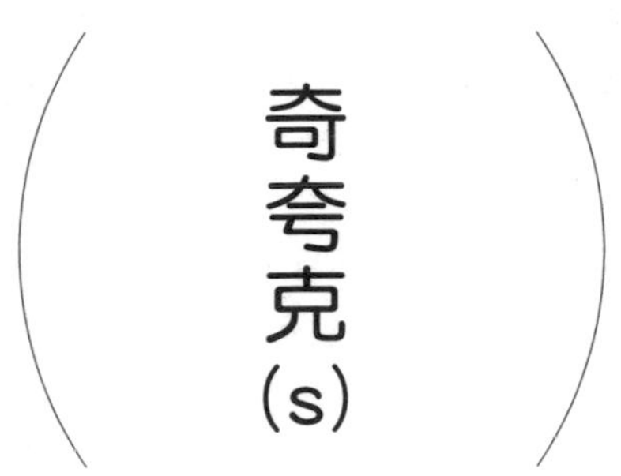

── 第3種夸克

1947年，科學家們在使用雲室的宇宙射線實驗中，發現了K介子（kaon）這種神奇的粒子。可分為電荷是±1的粒子（$K^{\pm}$）與2種電荷是0的粒子（K^0與$\overline{K^0}$）。這些K介子的質量皆約500，會發生以下衰變過程。

$$
\begin{aligned}
K^- &\to \pi^- + \pi^0 \\
K^- &\to \mu + \bar{\nu}_\mu
\end{aligned}
\qquad (12.1)
$$

這種粒子神奇的地方在於（由生成過程可以想像它應該是一種介子），和其他較重的介子相比，K介子的壽命特別長。雖說如此，K介子也只有10^{-8}秒左右的超短壽命，卻比一般介子的10^{-22}秒長很多。

所謂的壽命，是指粒子平均而言會花多少時間衰變，也可以說是粒子的半衰期。半衰期由這種粒子在衰變前的活動時間，或是由該粒子質量與

「從衰變後粒子推論出來的質量」之差異決定（我們在第111頁中也曾提到，虛粒子的持續時間與式(7.6)提到的質量差異有關）。

先不管這些細節，K介子之所以有10^{-8}秒這麼長的半衰期，是因為它的衰變並非由膠子的強交互作用引起，而是W玻色子的弱交互作用引起。K介子擁有「**奇異數(strangeness)**」這種味。要將這種味轉變成一般粒子的味時，需要弱交互作用。提出這個想法的人包括中野、西島、蓋爾曼，故稱為**中野－西島－蓋爾曼定律**（1953年）。雖然說當時還沒有出現「味」這個字。

也因為如此，蓋爾曼與茨威格於1963年提出夸克模型時，除了u、d之外，還引入了1種新夸克，而K介子就是由這種夸克與其他夸克構成的複合粒子。因為K介子有「奇異數」性質，所以這種夸克便被命名為**奇夸克**，記為s。

s的電荷為$-\frac{1}{3}$，其反夸克$\bar{s}$為$+\frac{1}{3}$，與下夸克（d）相同。而K^+與K^-分別是$u\bar{s}$與$s\bar{u}$的組合。

含有s的弱交互作用頂點，可以想成是含有d之頂點的類推。

圖12-4 • 與s有關的弱交互作用

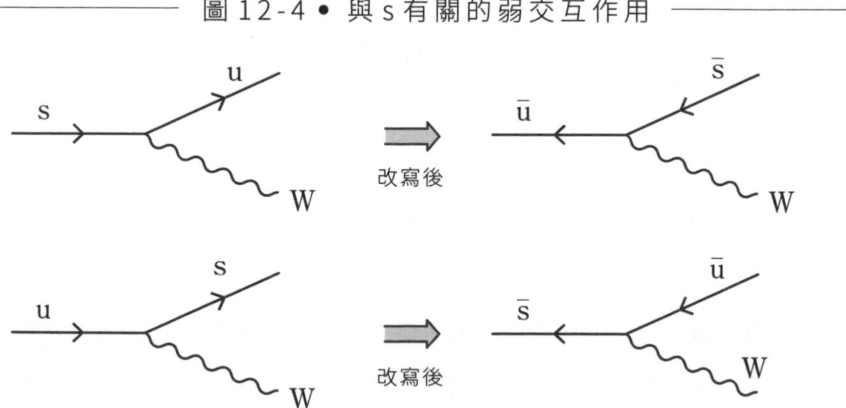

而若是上方的頂點存在的話，就可以進一步推導出式(12.1)中2個過程的頂點。

圖12-5 • K的衰變機制

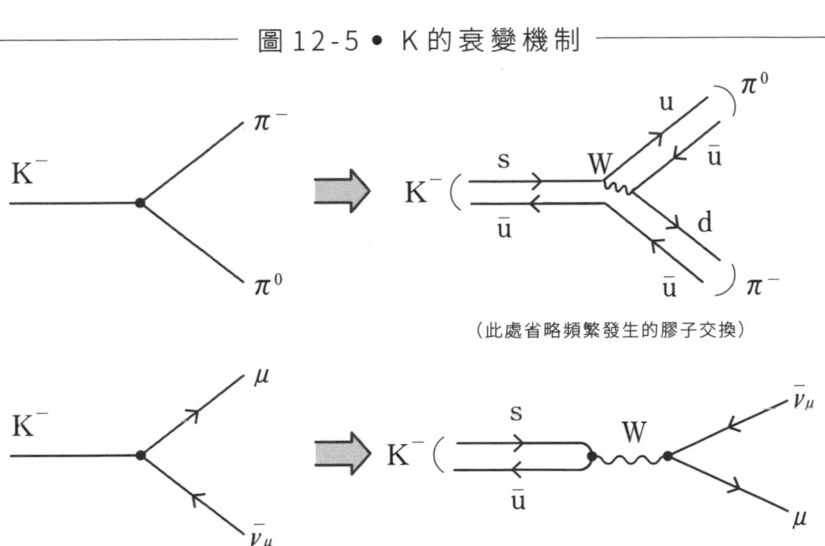

s與u可組合成K^+或K^-等介子（$u\bar{s}$與$s\bar{u}$），s與d可組合成$d\bar{s}$與$s\bar{d}$等介子。後者為不帶電荷（中性的）K介子，分別記為K^0、$\overline{K}^0$。這2種介子擁有相當神奇的性質。請參考下一頁圖12－6。這是由圖12－4中的4個頂點組合出來的圖，卻可用來表示K^0轉變成$\overline{K}^0$的過程，且相反的過程也會成立。這種現象又叫做**K^0振盪**。

科學家們透過觀察這個現象，發現了十分重要的結果。我們將在第14章中（用較簡單的方式）說明這個部分。

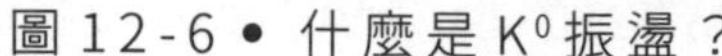

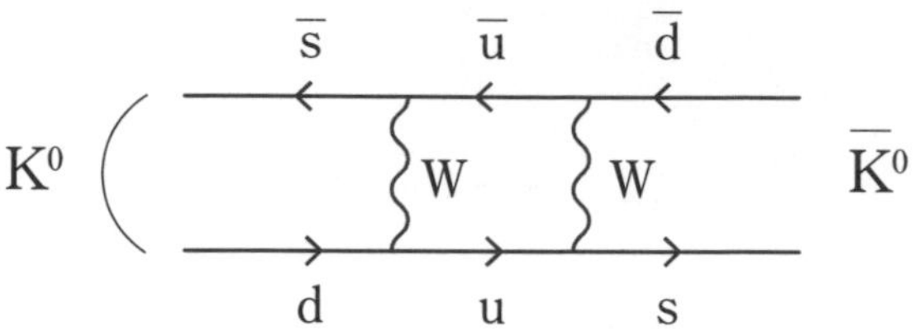

交換2次W之後，$K^0(d\bar{s})$ 會轉變成 $\bar{K}^0(s\bar{d})$

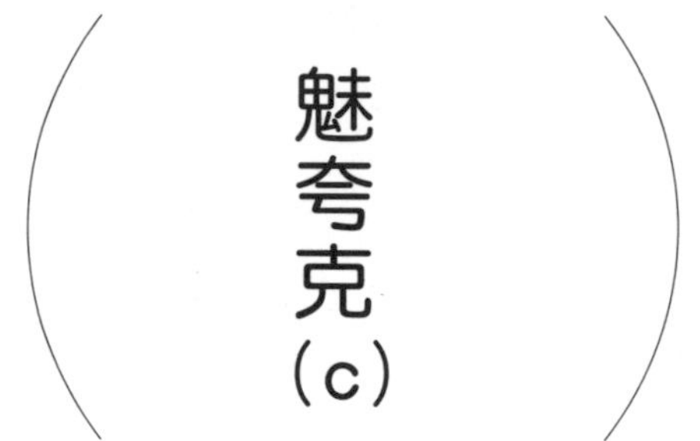

第 4 種夸克

1974年是基本粒子物理學界中相當重要的一年。科學家們透過史丹佛的直線加速器發現了擁有神奇性質的粒子，使整個學界為之興奮。那時候我還只是個研究生，在基本粒子物理學這個領域才待了2、3年左右而已。因為研究室的老師說好久沒有這種大消息了，於是讓我留下了深刻的印象。1970年之後，學界確立了電弱統一理論的計算方式（下一章）、漸近自由性（前一章）、小林與益川的6個夸克理論（第229頁）等，這些重要理論陸續登場。然而史丹佛團隊的發現，卻是個任何人聽到都會相當興奮，毫無疑問的大事件。

前面曾提到，史丹佛的直線加速器證明了夸克色荷的存在，即電子與正電子以相同能量相撞的實驗。當粒子能量合計為3100時（質子的靜止能量為938，單位為MeV），會生成性質相當特殊的粒子，這種粒子被命名為J/ψ（讀做j-psi）粒子。史丹佛的科學家們將其命名為ψ（psi），不過幾乎在同一時期，另一個團隊在另一個實驗中，用質子製造出了相同的粒子。這2個團隊的意見無法統合，於是便有了這樣的命名。本書將用ψ來稱呼這種粒子（ψ介子）。2種截然不同的實驗在同一個時間發現同一種粒子，聽起來有些不可思議。不過在這之前，已經有許多資訊指出，以這個能量撞擊粒子時，可能會有什麼新發現，於是每個研究團隊都會集中觀測這個能量區間的結果。

生成的ψ介子會衰變成多個π介子。觀測這個加速器最後釋出的π介子，會發現當電子、正電子的總能量為3100時，π介子的生成頻率會突然增加。因為這樣的撞擊會生成擁有相應質量的粒子（也就是ψ介子），畫成圖時可以得到圖12－7。

圖12-7 • ψ介子的生成與衰變過程

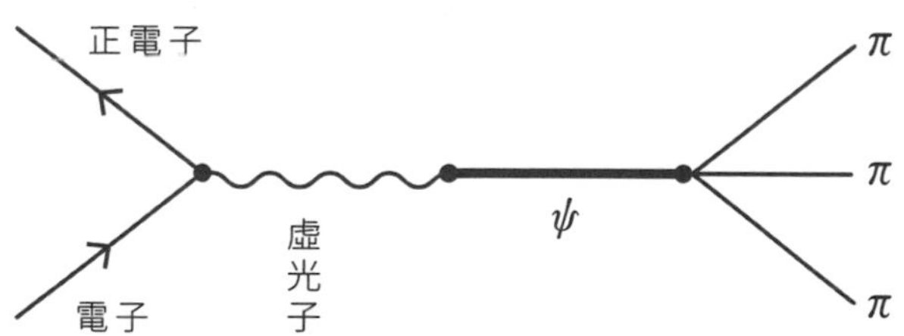

由ψ的能量變異程度（即引起這種現象時，需要的電子、正電子之總能量數值分布），可以計算出ψ介子的平均壽命。結果為10^{-19}秒左右。就一個擁有這種質量的強子來說，這樣的壽命可以說是相當長。因為會衰變成π介子，故ψ介子被歸類為強子，但ψ介子顯然與一般強子有很大的不同。就像由奇夸克構成的K介子壽命特別長一樣，科學家們猜測這個ψ介子可能是由新的夸克構成的粒子，這種新的夸克命名為魅夸克（符號為c），而ψ介子被認為是由$c\bar{c}$構成的複合粒子。

當時也有人認為，ψ介子不是由新的夸克構成，而是由帶有不同色荷的已知夸克組合成的粒子。而為這些爭論畫下句點的關鍵，是D介子的發現（1976年）。

以奇夸克為例，當時已經發現由$s\bar{u}$組合成的K介子，以及由$s\bar{s}$組合的φ（phi）介子。而在魅夸克的例子中，科學家已發現由$c\bar{c}$組合成的ψ介子。如果魅夸克真的存在，那麼由$c\bar{u}$組合成的介子也應該要存在才對。於是科學家們用同樣的加速器再進行同樣的實驗，並提高能量，成功得到了符合這種描述的粒子，並命名為D介子。與K介子類似，D介子也可分為$D^+(c\bar{d})$、$D^-(d\bar{c})$、$D^0(u\bar{c})$、$\bar{D}^0(c\bar{u})$等種類。如圖12－8所示，魅夸克會成對生成，D介子自然也會成對生成。

圖 12-8 • D介子對的生成

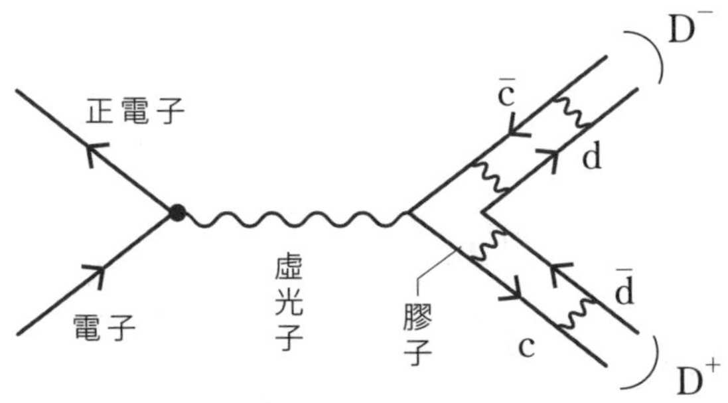

D介子可經由以下過程衰變。

$$D^+ \rightarrow \bar{K}^0 + \pi^+$$

$$D^+ \rightarrow \bar{K}^0 + \bar{e} + \nu_e$$

這可以想像成魅夸克與W玻色子的弱交互作用頂點。通常c會產生c→s的變化（同世代內變化），生成含有奇夸克的K介子。有時也可能會轉變成第一世代的下夸克，不過頻率比較低（因為cdW頂點的交互作用較弱）。

圖12-9 • 魅夸克的弱交互作用

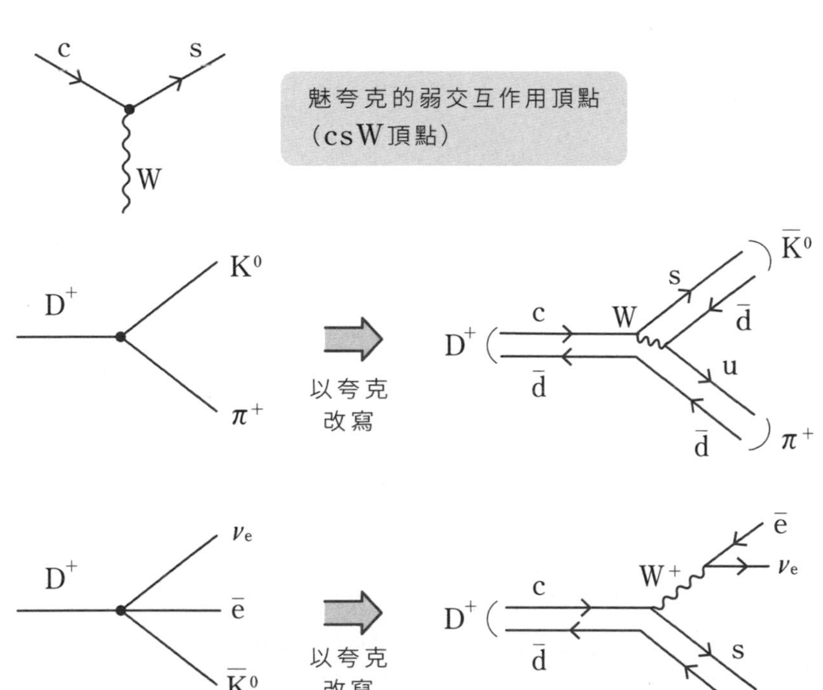

最輕的D介子質量為1865，這表示生成D介子對時，至少需要3730以上的能量。也就是說，由c與$\bar{c}$結合而成的ψ介子，結合能過小，無法衰變成D介子對。

前面也有提到，ψ介子衰變後，可觀察到多個π介子。如圖所示，這個衰變過程需透過多個膠子進行，所以ψ介子較不容易衰變。為什麼ψ介子的衰變需要3個（以上）的膠子，這個說明起來有些麻煩，不過應該至少可以明白到為什麼單一個膠子不足以使ψ介子衰變吧，因為單一個膠子不會是無色狀態。

圖12-10 • ψ介子的衰變

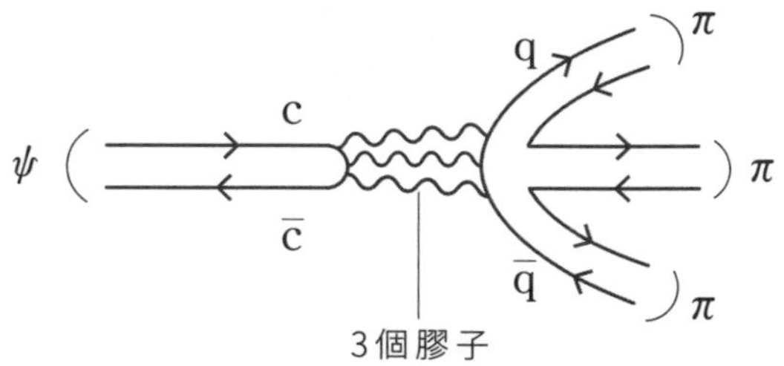

ψ介子與D介子的發現，或者說魅夸克的發現，是一件能夠改寫基本粒子物理學教科書的衝擊性事件，不過早有人預測第4種夸克的存在。包含日本學者在內，有許多人主張，既然輕子有4種，那麼夸克也應該要有4種才對。另外，也有人以「沒有發生」某種現象為由，預測第4種夸克的存在。因為已知夸克會產生該現象，既然該現象沒有出現，就表示有未發現的第4種夸克抵消了這種現象。而在1974年發現第4種夸克的3年前，日本的丹生潔曾在觀測宇宙射線的過程中，發現了幾個可能是D介子衰變的現象。

就這樣，雖然魅夸克的發現不是完全沒有被預料到，但可以說只被認為是一種可能性或者是一種推論。也因為如此，在魅夸克被發現後，就確定了基本粒子物理學的發展方向，可見這是個相當重要的事件。

相較之下，之後會提到的底夸克與頂夸克的發現，可以說是順應這樣的發展而得到的結果，皆在多數學者的預料之中。當然毫無疑問的，這2種夸克的發現都是基本粒子物理學的發展過程中，不可或缺的結果。

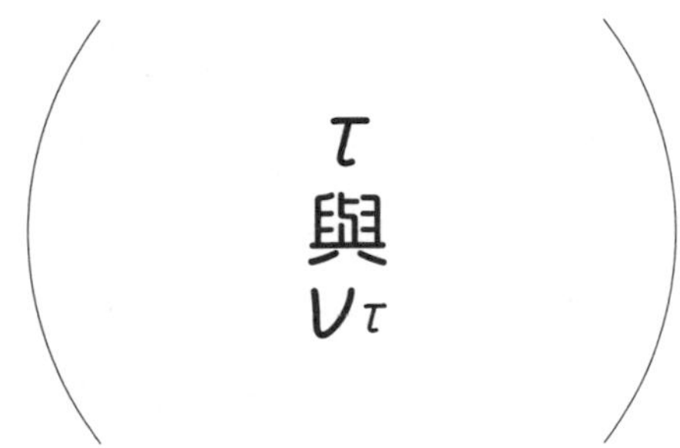

——第5、第6種輕子

1970年代是史丹佛直線加速器大活躍的時代。在發現ψ介子的幾乎同一時間點，還有研究團隊發現了繼電子、緲子之後，第3個擁有電荷的輕子，叫做陶子，符號為τ（tau），質量為1777。τ與$\bar{\tau}$（反τ）可成對生成。因為和c與$\bar{c}$的生成（即D與$\bar{D}$的生成）所需能量幾乎相同，故c和τ幾乎在同一時間點被發現。τ源自羅馬字母的t，即third（第三）的首字母。

發現過程如下一頁的圖12－11所示。電子、正電子湮滅後得到虛光子，再成對產生τ、反τ。而且，陶子的衰變過程與緲子的衰變過程類型相同。

圖 12-11 • $\tau\bar{\tau}$ 對的生成

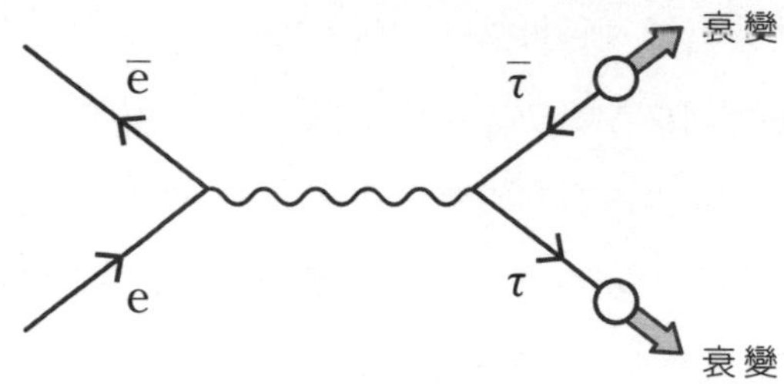

陶子的壽命很短，很快就會衰變，所以無法直接觀測。陶子會衰變成微中子與電子或緲子。分別觀察電子與緲子，如果兩者能量和與一開始的電子、正電子束的能量總和不同，那就是生成陶子的強力證據。

π 介子衰變後會生成緲子，但因為陶子比緲子重，故會反過來（透過夸克對的生成）生成 π 介子。事實上，陶子的衰變中，有65％會生成 π 介子。原因在於夸克有3種色荷，所以 π 介子的種類也會變成3倍。這裡也可以看出色荷的效果。

以下列出陶子衰變的例子。

$$\tau \rightarrow e + \bar{\nu}_e + \nu_\tau$$

$$\tau \rightarrow \mu + \bar{\nu}_\mu + \nu_\tau$$

$$\tau \rightarrow d + \bar{u} + \nu_\tau \rightarrow \pi^- + \nu_\tau$$

$$\tau \rightarrow s + \bar{u} + \nu_\tau \rightarrow K^- + \nu_\tau$$

這些反應過程的頂點則如右頁圖12 － 12所示。

圖 12-12 • τ的衰變

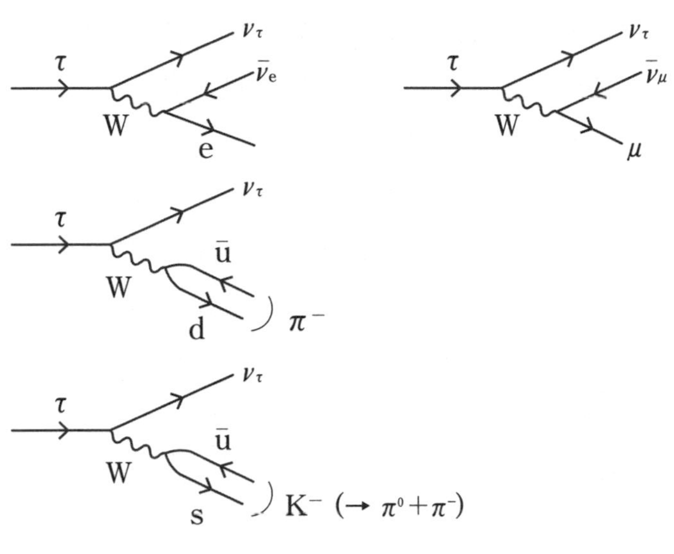

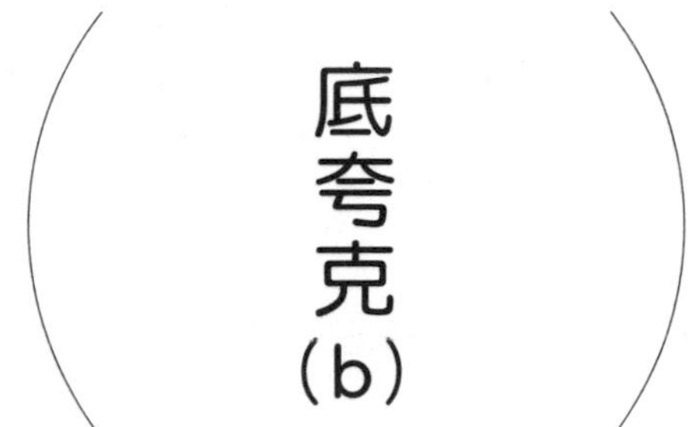

底夸克(b)

第5種夸克

輕子共有6種。既然如此，夸克應該還有2種沒被發現才對，於是學者們積極探索這2種粒子。光看這些，可能會讓你覺得這動機過於簡單。不過，確實有理論指出夸克應該要有6種，那就是來自日本的小林－益川理論。我們將在下一章中說明這個理論。

剩下的2個夸克（第三世代夸克）在發現前就已被命名，分別是頂夸克與底夸克，符號為$\begin{pmatrix} t \\ b \end{pmatrix}$，這模仿了$\begin{pmatrix} u \\ d \end{pmatrix}$的形式。也有人提案將t視為truth的縮寫，將b視為beauty的縮寫，不過沒有被廣泛採用。

與底夸克有關的第1個發現，是$b\bar{b}$組合成的複合粒子，被命名為ϒ（upsilon）介子。發現ϒ介子的方式與發現ψ介子（$c\bar{c}$）的方式類似，不過用的不是電子、正電子直線加速器，而是費米實驗室的質子加速器（1977年）。ϒ介子的質量高達9460，直線加速器產生的能量不足以生成ϒ介子。所以研究團隊不是透過虛光子生成ϒ介子，而是透過質子撞擊時的膠子作用生成ϒ，接著ϒ會轉變成虛光子，再生成緲子、反緲子對。研究團隊檢測的是這些緲子、反緲子對。ϒ介子的質量9460是核子的10倍，ψ介子的3倍。

b與u或b與d組合而成的介子稱為B介子，包括$b\bar{u}$、$b\bar{d}$、$u\bar{b}$、$d\bar{b}$等（B介子中的b相當於D介子中的c）。B介子的質量約為5300，略大於ϒ介子的一半。所以ϒ介子無法衰變成2個B介子對，且與ψ介子同屬於壽命較長的粒子（ϒ介子與B介子的關係，就和ψ介子與D介子之間的關係一樣）。

B介子主要會衰變成含有D介子的狀態，舉例如下

$$B^0 \rightarrow D^+ + e + \bar{\nu}_e$$

這是bcW頂點造成的衰變過程，如圖12－13所示。雖然底夸克也有可能會轉變成第一世代的上夸克，也就是buW頂點，但這樣的結合力比較弱，所以大部分的底夸克會轉變成魅夸克。底夸克轉變成同一世代的頂夸克，也就是btW頂點的結合力最強，但頂夸克比底夸克更重，所以不會成為底夸克衰變後的結果。

圖 12-13 • 底夸克的衰變

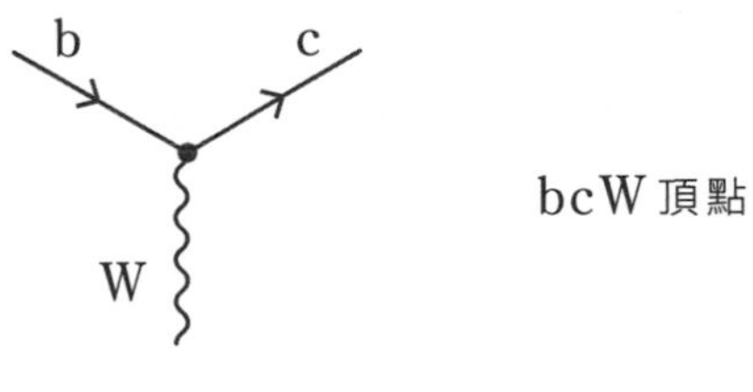

$\overline{B}^0 \rightarrow D^+ + e + \bar{\nu}_e$ 的費曼圖

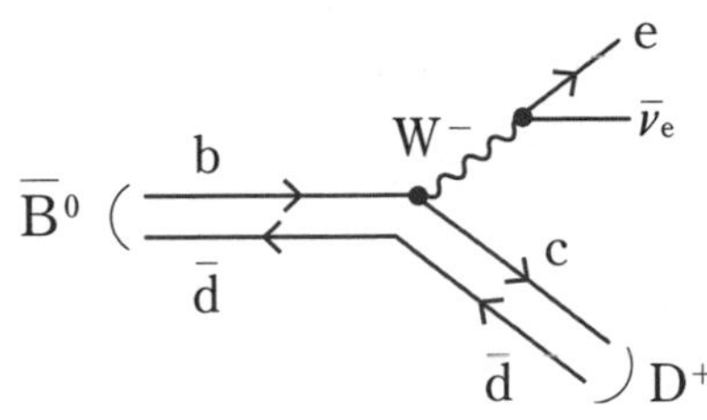

B介子和日本的關係還有許多故事，在第14章將會提到這個部分。

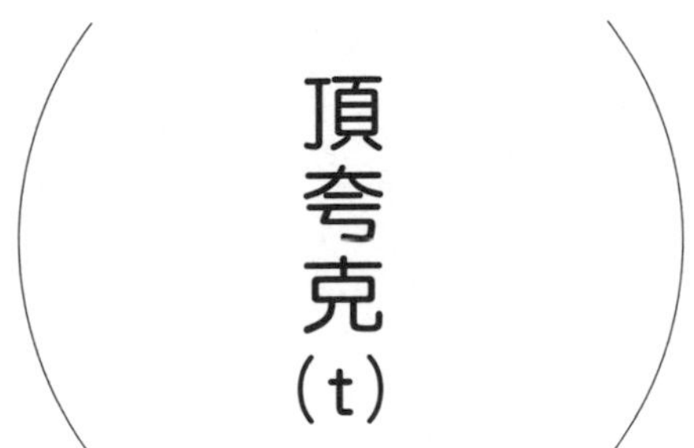

第 6 種夸克

發現頂夸克的機構，是同樣發現了底夸克的費米實驗室。不過這次他們使用的是發現底夸克之後才建造的兆電子伏特加速器（Tevatron），可以將質子與反質子分別加速到核子的靜止能量的1000倍（約1TeV），再使其對撞（第221頁）。1995年，研究團隊用這個加速器發現了頂夸克，其質量約為170000（單位為MeV）。

質子與反質子對撞時，會成對產生t與$\bar{t}$。接著幾乎所有的t與$\bar{t}$皆會分別釋放出W，然後轉變成同世代的夸克b與$\bar{b}$。

$$t \rightarrow b + W^{+} \qquad \bar{t} \rightarrow \bar{b} + W^{-}$$

頂夸克的反應包括tbW頂點、tsW頂點、tdW頂點等3種，不過在同世代內轉換的tbW頂點遠比其他反應還要強勢。而透過這個頂點形成的b與W，會如前面章節的說明般，衰變成其他粒子。

電弱統一理論

前一章中我們提到了發現6種新粒子的故事，其中有3種粒子是1970年代時發現。前前章提到的量子色動力學也是在70年代確立。基本粒了物理學在70年代還有一個很大的進展，那就是與力的媒介粒子有關的問題，特別是W玻色子的問題。

正式進入這個話題之前，讓我們整理一下本書前面提到的各種交互作用，釐清還有哪些未解決的問題。

已知的交互作用由強到弱分別是強交互作用、電磁交互作用（靜電力）、弱交互作用。事實上，除了這3個交互作用之外，還有另一個人類從很久以前就已經知道的重力交互作用（萬有引力），不過本章還不會討論到重力。

在基本粒子的層次上，重力是非常非常弱的力，可以無視其影響。不過重力明確存在於自然界中，絕對不是在任何情況下都能無視的力。不過，在這裡（粒子交換的層次下）沒有必要將重力與其他3種交互作用相提並論。與重力有關的故事將在最後一章中說明，本章僅討論重力以外的3種交互作用。

(1) 電磁交互作用（靜電力）：以光子為媒介的力。以光子這種粒子框架，重新詮釋19世紀的馬克士威電磁波理論。重新詮釋後的理論稱為量子電動力學或量子靜電力學，可解釋帶有電荷之所有粒子的行為。

一開始，這個理論會產生無限大的計算結果，是個很大的問題。後來朝永等人透過**重整化方法**成功解決這個問題（第139頁）。電磁學在數學上屬於**規範場論**（嚴謹一點的說法是**可交換規範場論**），在朝永等人的論述中，電磁學的這個特性扮演了相當重要的角色。這個理論中的**規範粒子**，就相當於光子（本書無法在不使用數學的方式下說明這些專業術語，這裡只要先把這些名詞記下來就好)。

(2) 強交互作用:這是以8種膠子為媒介的力,相關理論為**量子色動力學**。該理論形式上為複雜化的量子電動力學,屬於**非交換規範場論**的一種,稱為SU(3)規範理論。這裡的3對應到夸克的3種色荷。這個理論中登場的8種規範粒子為膠子。8這個數字來自$3 \times 3 - 1$的計算結果(複合色的線性組合結果)。這種交互作用只會發生在擁有色荷的粒子之間(也就是夸克與膠子本身)。

因為這也屬於規範場論,所以朝永等人的方法(重整化方法)也可通用於強交互作用。這是目前唯一可以說明為什麼夸克與膠子無法被單獨分離出來的理論(參考第173頁)。

(3)弱交互作用:以W玻色子這種擁有質量的虛粒子為媒介的交互作用,可作用在所有粒子上,包括微中子。

W玻色子的理論也可以寫成規範場論「般」的形式,但因為W玻色子有質量,所以並不嚴格遵守規範場論,不適用重整化方法。也就是說,1970年代時,尚未建構出一套可計算的W玻色子理論。而且當時還沒有人發現W玻色子。

如果W玻色子真的存在的話,會是相當重的粒子(存在時間很短),所以就算沒被發現也不奇怪,但要把理論建立在一個未知的粒子上,還是會讓人感到不安。

電弱統一理論（溫伯格-薩拉姆理論）的誕生

由以上說明可以看出什麼問題呢？簡單來說，還差了可用於計算弱交互作用的理論。

這個問題可透過幾個階段解決。以下條列出了這幾個階段，雖然可能會有一些沒聽過的專業術語，但請先跳過那些術語。

第一階段：　南部陽一郎提出「**自發對稱破缺**」的概念（1960年），在理解各種自然現象的時候是相當有用的思考方式。南部先生在日本取得博士學位後前往美國，在美國相當活躍。

第二階段：　希格斯、恩格勒等人提出新的機制（1964年），將上述概念套用於規範場論，於是原本沒有質量的規範粒子，可表現出擁有質量的樣子。提出這個機制的雖然有許多人，但通常簡稱為**希格斯機制**。

第三階段：　溫伯格、薩拉姆提出使用希格斯機制的非交換規範場論框架（1967年），建構新的理論，可統一說明弱交互作用與電弱交互作用。以提出此理論的人命名為**溫伯格-薩拉姆理論**，或是**電弱統一理論**。

第四階段：　荷蘭的年輕物理學家特胡夫特證明，使用希格斯機制的非交換規範場論中，不管規範粒子會不會產生質量，重整化方法都適用（1971年）。換言之，他證明了電弱統一理論是一個可計算的理論。

另外，這個證明過程也說明了「費米子中，2個夸克及2個輕子可組成一個世代」的重要性。

到了第四階段，學界已完成了包含電磁交互作用與弱交互作用的理論。在這4個階段做出貢獻的人們，後來都因為他們的研究成果而分別獲得了諾貝爾獎。

接著則進入了以實驗驗證這個理論的階段。

第五階段：　這個理論除了說明**W玻色子**造成的現象之外，也預測了新粒子──**Z玻色子**的存在，以及會造成哪些現象。1973年時，科學家們成功觀測到了這些現象。

第六階段：　科學家們實際發現了W玻色子與Z玻色子（1983年）。

第七階段：　科學家們發現了希格斯粒子這個必定存在於希格斯機制中，卻不屬於任何一種已知類別的粒子（2012年）。從完成理論到實驗驗證結束，總共耗費了30年左右的歲月。

希格斯場與希格斯粒子

以下將簡單說明這7個階段有什麼意義。我會盡可能避開複雜的術語，用直觀的方式說明這些階段在做什麼，希望可以傳達出它們的精髓。

一開始要談的是自發對稱破缺。這裡我不會用一般化的方式說明，而是用實際應用於基本粒子物理學的**希格斯場**，說明前一節中7個階段的前2個階段。

場是什麼呢？我們在第4章中已經說明過電場與磁場了。空間中存在電荷時，電荷周圍的各點就會有電場這種性質，我們可以用「數」來表示空間各點的電場性質。

同樣的，空間中存在磁石或電流時，周圍則會產生磁場這種性質。而且，不管是電場還是磁場，都不是單純的數（純量），而是有方向的量（向量）。也就是說，電場與磁場在數學上屬於**向量場**。

而且，不管是電場還是磁場，就算沒有源頭也可以獨立存在，形成所謂的電磁波。光就屬於電磁波。光子是「20世紀的新粒子模型」下的粒子，可以表示成波，這就是電磁波。

希格斯場也一樣，是可以獨立存在的場。不過這並不是向量場，而是可以只用數值表示的場。為了與向量場做出區別，我們會稱呼這種場為純量場。換言之，希格斯場在數學上是一種**純量場**。

順帶一提，**重力場**是由20世紀的**廣義相對論**所引入的場。重力場比向量場還要複雜，是一種張量場。張量可以想成一種雙重向量，無論如何，你應該可以想像得到那是一種複雜的場。因此，當我們想將基本粒子層次的理論套用在重力場上時，數學上會碰到很大的困難。我們將在最終章說明這點。

把話題拉回來。電場與磁場的數值波動，在19世紀的模型中叫做電磁波，在20世紀的模型中則叫做光子。同樣的，希格斯場的數值在0的附近波動時，就是所謂的希格斯粒子。我們可以透過驗證希格斯粒子是否存在，推斷希格斯場是否存在於這個世界。

不過，在討論希格斯粒子是否存在（希格斯場是否波動）之前，還有一個問題。那就是，非波動狀態的希格斯場（整個空間中的每個位置皆擁有相同數值）的數值是0嗎？

以電場為例，要是整個空間的電場數值皆相同，卻不是0，那麼帶電粒子就會受到電場產生的靜電力，持續加速，對這個世界造成毀滅性的影響。換言之，電場不可能處處相同。

不過希格斯場是沒有方向的純量場，當空間各點的希格斯場數值都相同時，即使這個數值不是0，粒子也不會因此而受力。不過，因為粒子會（透過頂點）受到純量場的影響，所以不管粒子存在於空間何處，都會保有固定的能量。

而當粒子不動時，擁有的能量就叫做靜止能量，也就是質量。也就是說，如果希格斯場可以賦予粒子質量的話，那麼希格斯場就會是一個空間中數值處處相等，但不是0的數值。

那麼，是什麼樣的機制讓希格斯場不為0呢？

希格斯場的數值，由希格斯場的能量表示方式決定。下一頁的圖13－1(a)是一個說明希格斯場數值與能量之關係的例子。**橫軸為希格斯場的數值（整個空間處處相等），縱軸則是當希格斯場等於某個數值時擁有的能量**。自然界中的真空，指的是能量最低的狀態，所以在這個例子中，希格斯場的數值會是0（因為當希格斯場的數值為0時能量最低，位於圖形底部）。

接著，要是能量如圖13－1(b)的話，情況會變得如何呢？這個圖形和(a)一樣左右對稱（之後會說明這個對稱性為什麼那麼重要）。雖然左右對稱，但能量的最小值並非發生在希格斯場為0時，而是在希格斯場為A點與B點的時候。自然情況下，該處的希格斯場應為A點或B點其中之一才對。無論選擇A點或B點，希格斯場都不會是0。於是自然界（在希格斯場方面）就會喪失左右對稱性。這就叫做**自發對稱破缺**。結果會讓沒有質量的粒子擁有質量。

圖13-1 • 打破對稱性

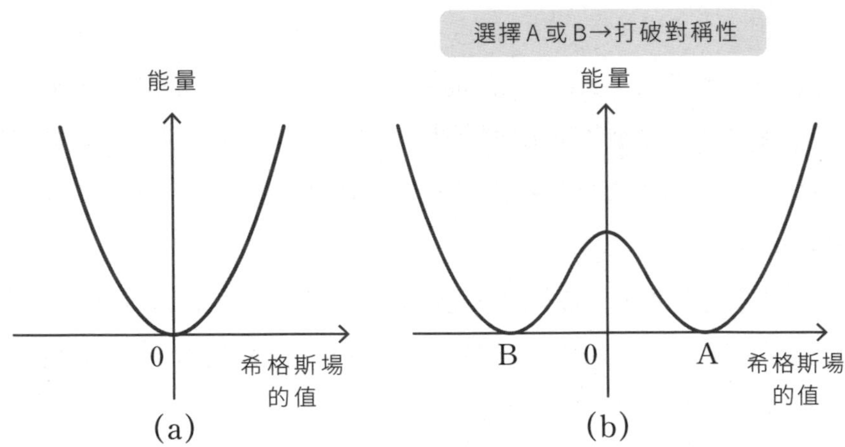

如果將以上論述連結到規範場論，故事會變得稍微複雜一些。希格斯場的數值不能假設為單一實數，必須設為複數，或者是2個實數的組合。複數可視為2個實數的組合，所以兩者其實是一樣的意思。

這種時候，圖13－1(a)會變成圖13－2(a)的樣子；圖13－1(b)會變成圖13－2(b)的樣子。2個圖形都是旋轉對稱（繞原點旋轉時，形狀不會改變），這點相當重要。(a)的情況下，真空中的希格斯場為0（原點）；(b)的情況下，真空中的希格斯場則不是0，而是圖形底部圓周上的某個點。而自然情況下，空間中某一位置會選擇某個點做為希格斯場的數值，此時就會「自發性地」打破旋轉對稱性。圖13－2(b)也被稱為墨西哥草帽（Mexican hat）圖或瓶底圖。

圖 13-2 • 打破旋轉對稱性

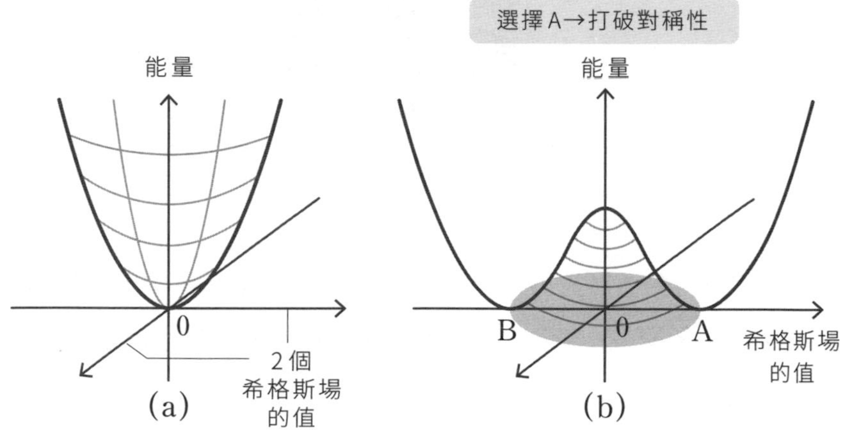

這就是連結到規範場論的希格斯機制。若要讓希格斯場被包含在規範場論的框架內，又不損及規範場論的本質，就必須存在某種程度的對稱性。不過，這種擁有旋轉對稱性的情況，是可交換規範場論中最簡單的理論；如果要適用於非交換規範場論，希格斯場就會變得更複雜，能量圖形也會變得更複雜，本書不打算繼續將問題複雜化下去。

無論如何，希格斯機制就是賦予所有粒子質量的機制，特別是對質量為0的規範粒子。

溫伯格—薩拉姆理論

量子色動力學也是非交換規範場論的一種，希格斯機制卻不起作用。做為規範粒子的膠子，質量仍為0。然而傳遞弱交互作用的W玻色子必須擁有很大的質量，如果要用規範場論來說明W玻色子的作用，自然會聯想到希格斯機制的作用。實際上，也有幾個理論試著實現這個想法。其中之一就是由溫伯格與薩拉姆提出的SU(2) × U(1) 理論。雖然也有人提出其他理論，使相關理論的建構工作風行一時，不過經過實際驗證之後，只有這個理論是正確的。

非交換規範場論有許多類型，量子色動力學適用其中的SU(3) 理論。SU(3)、SU(2)、U(1) 原本是矩陣的名稱，這裡可以把它們想成是區分各種理論的符號。

在這個架構下，為了讓讀者進一步了解SU(2) × U(1) 理論的意義，這裡稍微說明一下規範粒子的數目與種類。

量子色動力學的SU(3) 理論中的3，對應到3種色荷。而規範粒子（膠子）的種類則有$3 \times 3 - 1 = 8$種。同樣的，溫伯格－薩拉姆理論的SU(2) 的2，代表弱交互作用中，費米子通常是2個一組登場。譬如第一世代的（u、d）或（e、ν_e）等配對。

而規範粒子數為$2 \times 2 - 1 = 3$。其中2個為W玻色子，也就是W^+與W^-。那麼第3個是什麼呢？

這時候，有人想到這可能和電磁交互作用有關。但是，光子γ不可能是第3個規範粒子。因為無法建構出一個理論，使這種粒子的質量為0。在複雜的對稱性下，若希望其中一部分對稱性不要（自發性地）被打破，應該就可以透過該部分得到質量為0的規範粒子才對，但科學家們仍無法證明這就是光子。

於是另一個理論U(1)登場了。將這個理論中出現的唯一規範粒子與SU(2)中的第3個規範粒子組合，就可以得到與光子γ對應、質量為0的粒子。

由於整體而言有2種粒子，故存在另一種組合，這種組合可以得到擁有質量、沒有電荷的未知規範粒子。這種粒子被命名為Z玻色子。

所以說，溫伯格－薩拉姆理論就是可以用SU(2)規範理論與U(1)規範理論這2種規範理論的組合，說明電磁交互作用與弱交互作用這2種現象的理論。

Z玻色子產生的現象

至此，科學家們完成了一個沒有矛盾的理論，但也預言了一些過去不為人們所知的現象。另外，還有人提出與溫伯格－薩拉姆理論形式不同，卻有用到希格斯機制的理論。所以科學家們必須試著驗證哪個理論才是正確的。

最初驗證的是與Z玻色子有關的現象。下方圖13－3列出了至今談到的，與W玻色子有關的頂點，以及與新的Z玻色子有關的頂點。

圖 13-3 • W 玻色子與 Z 玻色子的反應

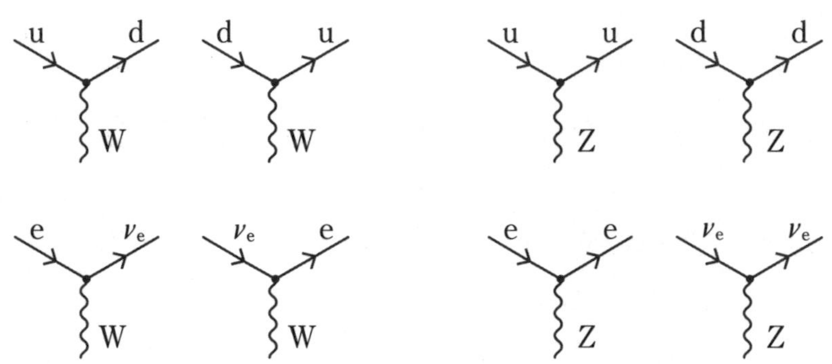

上圖中只列出了與第一世代費米子有關的頂點。同樣的頂點也適用於第二世代與第三世代。

在W玻色子方面，還存在著跨世代的頂點，不過這與其他有序的現象有關，我們將在其他章節中說明。Z玻色子的頂點不會改變費米子，所以不存在跨世代的頂點。

Z玻色子及電子的頂點，與光子及電子的頂點形狀相同。這表示，在一般狀況下，Z玻色子產生的效應會因為效果太弱而難以被觀察到。因為和沒有質量的光子相比，Z玻色子只能在非常短的距離下作用。不過，有些Z玻色子的反應有微中子的參與，只要試著尋找這些與微中子有關的現象，應該就可以看到Z玻色子帶來的效果了。

圖 13-4 ● 由 Z 玻色子效果看到的反應過程

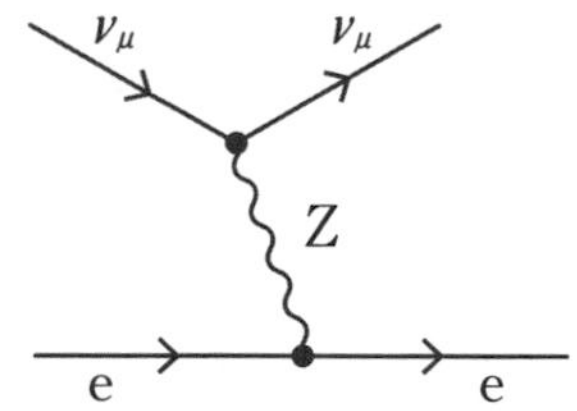

科學家們實際上發現了圖13－4的反應過程。他們用（質子加速器所產生的）微中子束，照射放置於CERN（位於日內瓦近郊，由歐洲各主要國家組成的共同實驗室…第220頁），名為Gargamelle的巨大氣泡室。氣泡室是一個裝滿了高溫液體的裝置，液體溫度接近沸點。當帶電粒子在氣泡室內生成並運動時，就會產生由氣泡構成的軌跡，讓我們可以觀測到這些粒子。生成 ν_μ 時，會先用質子束撞擊原子核，產生 π 介子或K介子，接著再衰變成 ν_μ（$\pi \rightarrow \mu + \nu_\mu$、$K \rightarrow \mu + \nu_\mu$）。

圖13－4的反應中，ν_μ 本身不帶電，所以無法用氣泡室觀察到。也就是說，不管是 ν_μ 的生成還是消滅，我們都無法親眼確認。不過，如果電子突然動了起來，便可假設發生了圖13－4般的過程，把這個現象想成是Z玻色子的效果。

順帶一提，如果不是 ν_μ 而是 ν_e 的話，因為會同時發生下一頁圖13－5中的2種過程，所以無法斷定這是Z玻色子的效果。

圖13-5 • $\nu_e + e \rightarrow \nu_e + e$的2種過程

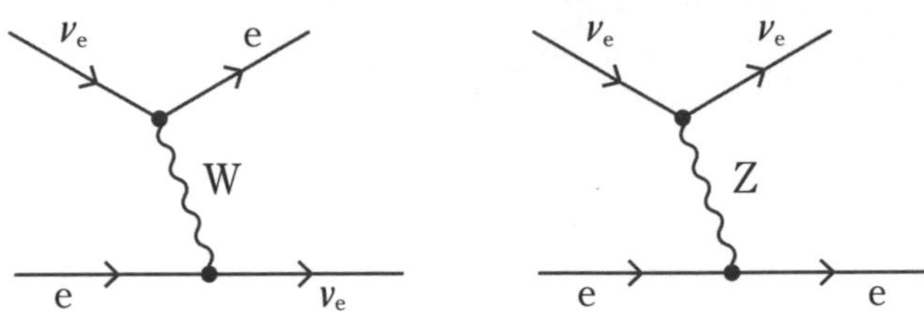

就這樣，科學家們間接確認了Z玻色子的存在（發表於1973年）。這是能夠一舉提升溫伯格－薩拉姆理論可信度的實驗。

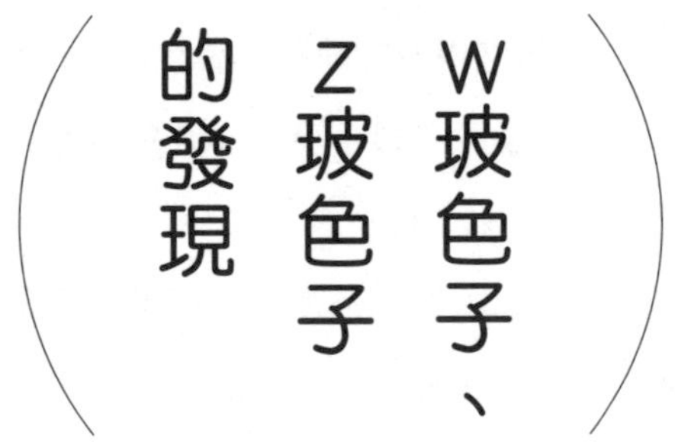

溫伯格－薩拉姆理論可信度的提升，讓科學家們希望能建造一個有足夠能量的加速器，用來尋找W玻色子與Z玻色子。當然，有些人覺得應該找得到，也有些人沒什麼把握。

實現這件事的是CERN（第220頁）的質子質子對撞加速器（SPS）。科學家們用SPS，在1983年陸續發現了W玻色子與Z玻色子。

兩者的質量皆相當大，如果用本書之前常用的單位MeV描述的話，W玻色子約為80000，Z玻色子約為91000。不過到了這個層級，一般會用MeV的1000倍GeV做為單位來表示，W玻色子約為80GeV，Z玻色子約為91 GeV。另外，科學家們也用CERN的另一個加速器LEP來研究W玻色子與Z玻色子的詳細性質（如何衰變等），確認了電弱統一理論的正確性。

希格斯粒子的發現

發現了W玻色子與Z玻色子之後，就只剩下希格斯粒子（又稱希格斯玻色子）。希格斯機制中，重要的是整個空間中的希格斯場數值，而非希格斯粒子本身。不過，要是希格斯場真的存在，那麼希格斯場的波動必然會產生粒子。所以確認希格斯粒子的存在，正是驗證這個理論時不可或缺的一環。

最後，科學家們在CERN的LHC（質子質子對撞實驗）中確認到希格斯玻色子的存在，其質量為125GeV。如前所述，希格斯場可賦予粒子質量。為此，希格斯玻色子會與質量大的粒子形成很強的頂點，這表示希格斯玻色子傾向於衰變成質量大的粒子。實際上也確認到希格斯玻色子有這種傾向，另外根據其他的理由，也說明了發現到的粒子確實是希格斯玻色子。

PARTICLE COLUMN

世界各大加速器

1970年以後，科學家們陸續發現了各種在理論上有著重要意義的新粒子。這個過程中用到了許多大型裝置。不過在研究某些粒子時，需要很高的能量，建設相關裝置時耗費的成本也相當高，所以這些裝置的數目也不多。以下將介紹本章與下一章提到的各種大型裝置。

• SLAC國家加速器實驗室（史丹佛）

這個實驗室的電子、正電子直線加速器於1970年代中，陸續發現了魅夸克、陶子等新粒子，可以說是開啟了基本粒子新時代的加速器。這段期間內，為釐清核子內的夸克行為（漸近自由性）而進行的實驗中，這個實驗室所進行的電子質子散射實驗佔有相當重要的角色。另外，B介子的粒子反粒子對稱破缺觀測中，這個實驗室與日本的KEK一同達成了相當重要的任務（下一章）。目前，該實驗室的研究核心從基本粒子物理學，逐漸轉移到用放射線研究物質。

• 歐洲核子研究組織（簡稱：CERN）

運用歐洲以至於全世界的資金，建設各式各樣的實驗裝置，主導各種基本粒子物理學的研究。

(1) 超級質子同步加速器（SPS）：可讓400GeV的質子對撞的加速器。發現了W玻色子與Z玻色子（1983年）。

(2) 大型電子正電子對撞加速器（LEP）：生成W玻色子與Z玻色子，透過精密測定，證明了電弱統一理論的正確性。和其他使用質子對撞的加速器相比，用電子束對撞時產生的多餘粒子比較少，分析起來比較簡單（質子是複合粒子，電子是基本粒子）。不過，要讓很輕的電子保持在高能量的狀態下繞圈旋轉，是件相當困難的事，這也使得該加速器的大小幾乎和一圈山手線一樣大。

(3) 大型強子對撞加速器（LHC）：建在LEP原先所在位置。可引入經SPS加速後的質子，再加速至4GeV使其對撞。與希格斯玻色子的發現有關，目前正嘗試將實驗中的粒子能量提高到7GeV。

(4) 未來計畫：隨著加速器的巨大化，未來的加速器實驗必定會以CERN為核心（關於這點，可再參考次頁提到的ILC）。大概數年後，就可以在目前的裝置下提升實驗規格，也就是在不改變粒子束能量的情況下，提升粒子束強度（粒子數）。

也有人建議要重建一個加速器。最理想的情況是能夠建造一個比LHC更大的環狀隧道，這樣就能再次進行質子質子對撞實驗，或者電子正電子對撞實驗了。當然，這些計畫都需要足夠的資金才辦得到。若能實現這些計畫，或許就能對希格斯玻色子進行更深一層的研究、（將在第242頁說明之）尋求超對稱粒子，並發現更多未知現象。

費米國家加速器實驗室（又稱費米實驗室）

位於芝加哥近郊，擁有大型質子加速器的實驗室。該實驗室於1977年發現Υ粒子（底夸克），在這之後，將原本的加速器升級成可將質子與反質子加速到1000GeV再對撞的加速器，於1995年發現頂夸克。1000GeV就是1TeV，故這個加速器也被稱為兆電子伏特加速器（Tevatron）（kilo（k）的1000倍是Mega（M），Mega的1000倍是Giga（G），Giga的1000倍是Tera（T））。原本科學家們也希望能用這個裝置找到希格斯玻色子，然而反質子束的強度（粒子束中的粒子數）不夠，最後還是沒能找到希格斯玻色子，於2011年停止運作。

美國還有其他功能更強大，相當於CERN等級的加速器建設計畫，然而這些計畫在物理學者之間，以及政治層次上都引起了很大的紛爭。最後，這些計劃因為資金瓶頸而無法實現。這是預算龐大的科學領域中常出現的問題，日本也常出現這種爭論，就像下方提到的故事一樣。

費米實驗室目前正專注於使用微中子的研究計畫。許多研究者加入了CERN的LHC實驗團隊，並在研究中佔有核心地位。

- **高能加速器研究機構（KEK）**

位於筑波的日本加速器實驗據點，將於下一章中解說。

- **國際直線對撞機（ILC）——未確定的加速器計畫**

可將電子、正電子加速到TeV等級後對撞的加速器的建設計畫。要在環狀加速器中加速電子是件很困難的事，所以這個計畫預計建造直線加速器（LINAC），長度至少要30km左右。若能成功實現這項計畫，就能補全CERN的加速器計畫，有著相當重要的意義，因此也備受期待。但比起技術上的問題，資金上的問題（超過1兆日圓）更是難以解決，且計畫與用地都還未確定。日本的基本粒子物理學者們也提出意願，使日本成為候選地點之一，然而日本國內還沒取得共識。比起日本的基本粒子物理學學者在學界的輝煌成就，這30年間停滯的日本經濟，顯然是個無法擺脫的問題。

第14章

世代間混合／微中子振盪

電弱統一理論的「附註」

目前的基本粒子標準理論中，在強交互作用方面以量子色動力學為基礎，在電磁交互作用／弱交互作用方面以電弱統一理論（溫伯格－薩拉姆理論）為基礎。之所以說是「基礎」，是因為這些理論要再和「小林－益川理論」組合後，才可以說是真正的標準理論。

這個理論與存在於自然界的粒子與反粒子有關。由引入相對論的量子論可以知道，每一種粒子都存在與之相對的反粒子（參考第102頁），反粒子的反粒子就是粒子。那麼，粒子與反粒子是對等的嗎？

首先，現實的自然界中，粒子與反粒子完全不對等。我們周圍有無數個電子，卻幾乎不存在任何反電子（正電子）。另外，原子核內的夸克數目為核子的3倍。介子內雖然有反夸克，但反夸克數目與介子內的夸克數目相同。

另一方面，量子色動力學的定律指出，粒子與反粒子完全對等。具體來說，夸克與反夸克原則上對等。膠子有8種，要說明哪種是哪種的反粒子有些麻煩，不過同樣的定律可適用於粒子，也可適用於反粒子。而在電弱統一理論中，至少在考慮自發對稱破缺之前的階段，粒子與反粒子皆擁有對等地位。這種性質在專業術語中稱為**CP變換下不變，簡稱CP不變，或是CP對稱**。

精確一點來說，C指的是（數學式上）粒子與反粒子的變換，P則是指空間上的反轉（正向轉換成負向），CP整體才是指「實質上的」粒子與反粒子變換。

如果自然界真的完全遵守CP不變原則，由於粒子與反粒子擁有對等地位，那麼粒子與反粒子必定成對產生、湮滅。所以

全世界的粒子數＝全世界的粒子總數－全世界的反粒子總數

這個數不會改變，即所謂的「不變」。

然而現今世界的粒子佔了壓倒性多數，如果自然界遵守CP不變原則，就表示宇宙誕生時，「神便不知為何地」創造出了幾乎都是粒子的世界。

然而現代宇宙論並不喜歡「神的選擇」這種解釋。多數人還是認為早期宇宙為真空狀態，在宇宙膨脹的過程中，陸續生成了數量龐大的粒子／反粒子。而在物理定律中，應存在某些**CP並非不變**的部分，所以在成對產生大量粒子／反粒子對之後，大部分都湮滅了，卻有一小部分粒子（只要有十億分之一就夠了）殘留下來，成為了現今的宇宙。這是宇宙論者較偏好的宇宙發展過程。若是如此，所謂「CP並非不變的部分」到底是什麼呢？

小林與益川證明，如果電弱統一理論在夸克的世代達到三代（以上）時，就會在自發對稱破缺的階段中，產生CP並非不變的部分（1973年），這是距離科學家們發現第4種夸克的1年前的事。現在我們已經發現了6種夸克（的味），且完全符合他們的預測。這就是本章開頭提到的，電弱統一理論的「附註」。

如果看到這裡就能讓你滿足的話，那就再好不過了。不過保險起見，還是簡單說明一下為什麼會出現這種CP並非不變的部分吧。

世代混合

首先，讓我們從世代混合的話題開始。世代混合本身和CP對稱沒有直接關係。

請先回想W玻色子與夸克所構成的頂點。

圖14－1列出了各種世代混合的情況。W玻色子可改變夸克的種類（味），有時會改變夸克的世代，有時則不會。其中，不改變世代的反應，發生頻率遠比改變世代的反應還要高。前面也有提到，頂夸克衰變後，幾乎都會變成底夸克。

世代改變的現象，也可以用以下方式表現。圖14－1列出了與u與W有關的3個頂點。不過這3個頂點其實可以表示成1個，如圖14－2所示。不過圖中的d'並不是d。d'狀態的夸克可以想像成

（d'狀態）＝（d狀態）＋（s狀態）＋（b狀態）（14.1）

像這樣3個狀態的**疊加**。也就是說，ud'W頂點是這3種頂點疊加而成的結果。狀態疊加或許是個有點難以理解的概念，卻很常在量子力學中看到的觀念。

圖 14-1 • W 玻色子與世代

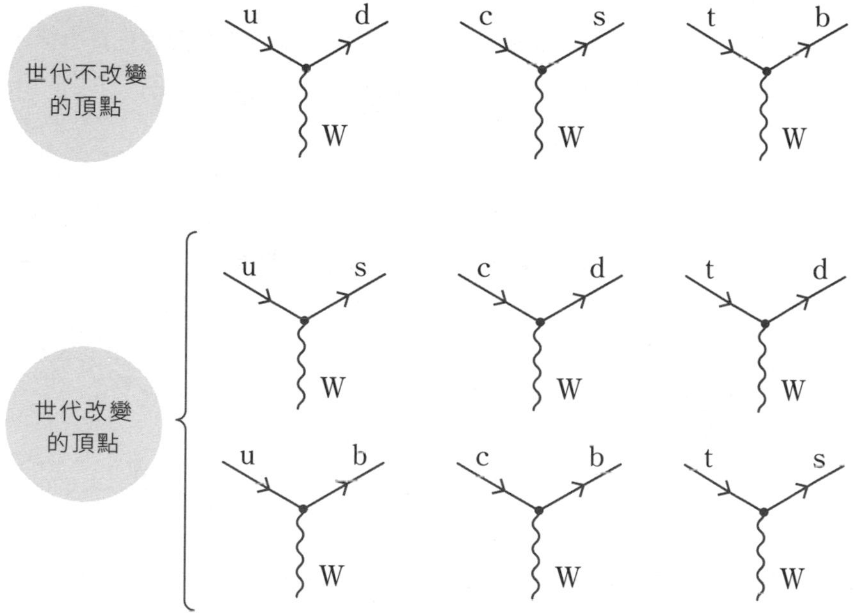

圖 14-2 • 頂點的狀態疊加

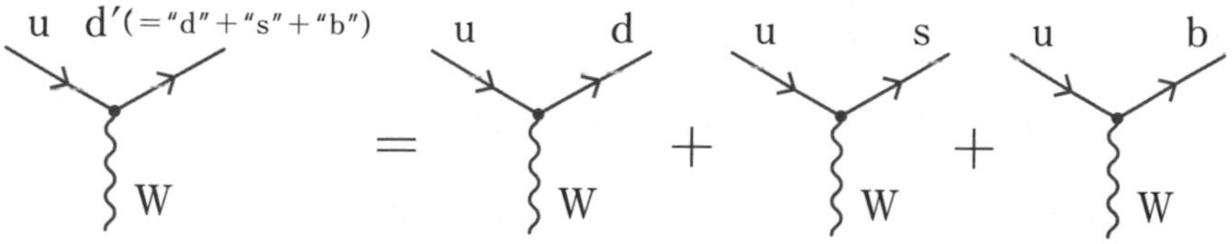

現實的反應過程中，夸克最後會以介子或核子的形式被我們觀察到。以d'為例，假設最終狀態為介子，那麼d會以π介子的形式出現、s會以K介子的形式出現、b會以B介子的成分出現。我們會觀測到哪一種介子，取決於我們觀測到上式中d、s、b的哪一個成分。畢竟不可能同時觀測到3個成分，必定是其中之一。當我們想用量子力學來解釋圖14－2的狀況時，這是很理所當然的想法。

圖14－2只列出了與u有關的頂點，請將類似的情況套用在c、t上。也就是說，考慮3種W玻色子的頂點，如圖14－3所示。其中，d'、s'、b'分別是d、s、b的3種狀態之疊加。

圖 14-3 • W 玻色子的基本型態

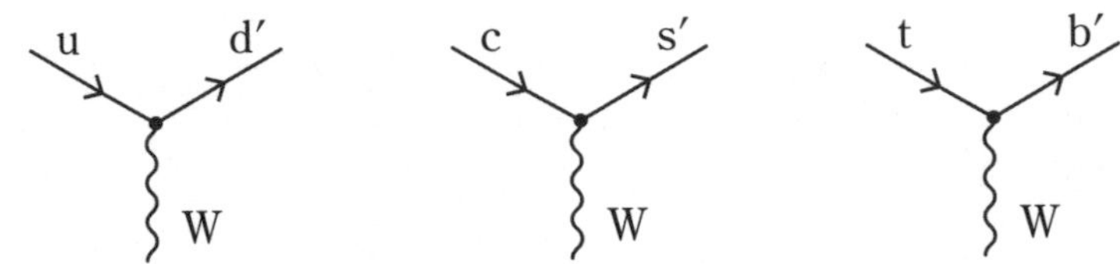

簡單來說，與W玻色子在頂點層次有關的夸克共有（d'、s'、b'）等3種，當這3種夸克形成強子後，才能被我們觀察到。而在強子的層次下，可以被觀察到的夸克為（d、s、b）。然而這2組夸克不能一一對應，因為一組中的某個夸克，是另一組中3個夸克的疊加態。這種現象就叫做**世代混合**。

前一章的電弱統一理論中，在一般情況（自發對稱破缺）下，希格斯場擁有數值，此時便會產生世代混合。希格斯場在賦予各個粒子質量的同時，也會將不同世代的粒子混合在一起。也就是說，電弱統一理論中，世代混合是必然。

圖14-4 ● 希格斯場會混合不同世代的粒子

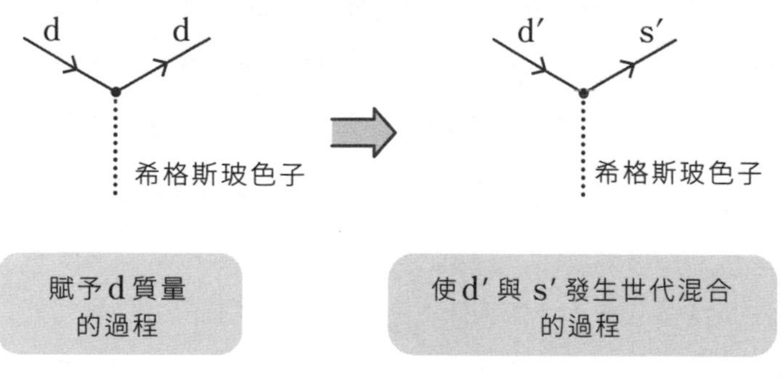

小林、益川的論述

若要將以上論述連結到CP對稱性，就必須將式(14.1)寫得更精確一點才行。雖然本書的方針是盡可能避免寫出數學式，不過這是很簡單的數學式，還請見諒。

式(14.1)顯示d'夸克是3種狀態的疊加態，而疊加在數學上的意義，就是乘上某個係數之後相加。因此，式(14.1)可改寫成

$$
\begin{aligned}
(\text{d}'\text{狀態}) &= k_1 \times (\text{d狀態}) \\
&\quad + k_2 \times (\text{s狀態}) + k_3 \times (\text{b狀態}) \qquad (14.1)'
\end{aligned}
$$

這裡的$k_1 \sim k_3$は是係數，表示某個數值。d'狀態以d狀態為主，所以3個

係數中，k_1的絕對值最大。

一般來說，希格斯場的世代混合中，這些係數也有可能是複數。而當這些係數是「真正意義上的複數」時，CP對稱性會出現破缺。也就是說，此時粒子與反粒子並非完全對等（這個突然冒出來的性質聽起來可能有點突兀。但會有這性質，是因為粒子與反粒子在數學式上存在「共軛複數」的關係）。

這裡用「真正意義上的複數」來表示是有意義的。係數可能是複數，而係數後面「～狀態」的部分也可能是複數。當這些複數是適當的值時，便可在不影響整體的情況下，使係數變為實數。這個時候，係數就「不是真正意義上的複數」。

上式中有3個係數，不過實際上，3種夸克都可以用同樣的式子表示，所以係數一共有9個。因此問題就變成：能否用上述方法使9個係數全都是實數？**小林、益川證明了「只有2個世代時（4個）係數可皆為實數。但如果有3個世代的話就不可能皆為實數」。**

雖然說明相當簡略，但這確實就是小林－益川理論的本質。接著讓我們來看看科學家們如何驗證這個理論。

驗證CP對稱性的破缺

目前的宇宙中，粒子數與反粒子數明顯失衡，但即使如此，我們也無法斷定自然定律的CP對稱性存在破缺。因為也有可能是宇宙誕生時，基於某些理由使得粒子處於失衡狀態（雖然這個想法有些不自然）。

不過科學家們在1964年發現，現在的自然界其實也存在著CP對稱破缺的現象。那就是第193頁提到的K介子振盪。2個電中性的K介子可寫成K^0、$\bar{K}^0$，它們的夸克組成分別為$d\bar{s}$、$s\bar{d}$，而且它們會依照圖12－6的機制，在2種粒子間變來變去。因此，剛生成的K^0（或$\bar{K}^0$）經過一段時間後，會轉變成

$$s\bar{d} + d\bar{s} \qquad (14.2)$$

這樣的疊加態（這裡省略其原因，僅描述結果）。K^0可能發生2種衰變方式，如下所示。

$$K^0 \rightarrow \pi + \pi$$
$$K^0 \rightarrow \pi + \pi + \pi$$

不過，如果是式(14.2)中2種狀態的疊加態，那麼這2種狀態會彼此干涉，抵消掉$K^0 \rightarrow \pi + \pi$的衰變。特別是當CP對稱性完全成立時，就會完全抵消掉這種衰變，不會觀察到$K^0 \rightarrow \pi + \pi$這樣的衰變過程（這聽起來有些突兀，還請見諒）。克羅寧等人發現這種衰變雖然發生頻率較低，但確實會發生。這可以說是第一個證明CP對稱性，即粒子與反粒子之對等性不完全成立的發現。

後來，科學家們發現了底夸克，並發現B^0介子與$\bar{B}^0$介子也有相同現象。與K^0介子相比，B^0介子的振盪頻率相對較快（以壽命為基準），所以同類型的干涉效果在B^0介子上比較明顯。

嘗試這個實驗的是位於筑波的高能加速器研究機構（KEK），以及史

丹佛的SLAC國家加速器實驗室（第220頁）。他們將電子正電子對撞加速器的能量，調整到能夠頻繁生成B^0／$\bar{B}^0$粒子對的數值，並以此進行實驗。因為這是特別調整成可以大量產生B介子的加速器，所以也被稱為B介子工廠。

特別是日本，因為日本是CP對稱性破缺理論的發祥地，所以能夠集結許多研究者的努力，完成目標。

KEK與史丹佛雙方都進行了各式各樣的實驗，驗證小林－益川理論的正確性。這2位科學家與南部陽一郎（提出自發對稱破缺的學者）共同獲得了2008年的諾貝爾獎。

現在的KEK已提升了粒子束的強度（稱為超級KEKb），正在進行B介子的精密實驗。雖然粒子束的能量還不及CERN，不過隨著粒子束強度的提升，研究人員也能獲得更多資料，說不定能藉此發現不符合標準理論預測的實驗結果。也就是在試著分析已知粒子更細微的性質，並試著找出未知定律。

輕子的情況

——微中子振盪

前面我們提到了夸克的世代混合。那麼輕子也會有世代混合的現象嗎？

事實上，如果3種微中子的質量都是0的話（正確來說，如果3種微中子都相同的話），就不會發生世代混合的現象。而且科學家們常有「微中子的質量為0」這種先入為主的觀念，所以幾乎不會去討論輕子的世代混合問題。「先入為主的觀念」聽起來不太好，但微中子就算有質量，顯然也會小到幾乎可以忽略的程度，所以一般會直接將它視為0，說明各種現象時會比較方便。

電弱統一理論也是以「微中子質量精確為0」的前提建構出來的。不過，並不是全世界的人都同意這種想法，譬如1962年時，日本的坂田昌一、牧二郎、中川昌美等人，就針對微中子的世代混合問題，發表了重要的理論與研究結果；不過當時並沒有吸引到多數人的注意。

到了2000年左右，科學家們陸續發現了各種世代混合現象，譬如**微中子振盪**，使狀況有了很大的改變。電微中子在形成後，在飛行途中可能有一定比例會轉變成其他微中子；在後續的飛行過程中，可能又會變回電微中子。這就是微中子振盪的例子之一。

就先來說明為什麼會發生這種現象？如果微中子的質量全都是0的話，為什麼就不會發生這種現象呢？微中子的世代混合機制有部分和夸克相似，也有不一樣的地方。

首先要說明的是下一頁圖14－5頂點中的微中子，這是伴隨著電子出現的微中子，故稱為電微中子（ν_e）。電子與電微中子的頂點，可以對應到圖14－2中，由上夸克（u）與d'形成的頂點。u可透過含有W的頂點轉換成d'，而不是d。ν_μ與ν_τ也一樣，是μ與τ經過頂點的反應後產生的微中子（與前面的定義相同）。

圖 14-5 • 從 e 誕生出來的 ν_e

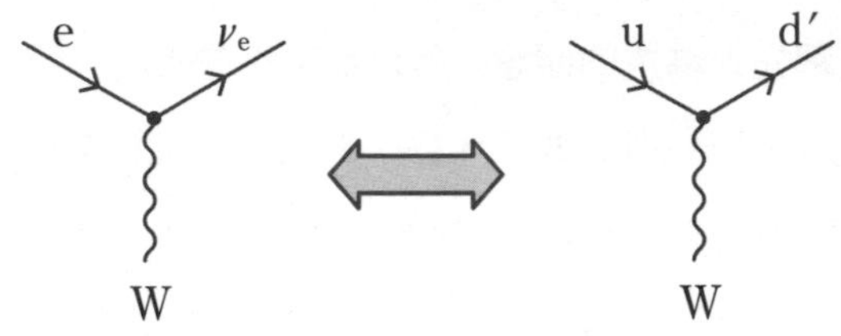

ν_e 與 d′ 皆可由含有 W 的頂點定義

就像式(14.1)中的d'為(d、s、b)3種狀態的疊加一樣，ν_e也可以寫成3種微中子（寫成 ν_1、ν_2、ν_3）的疊加。

$$(\nu_e\text{狀態}) = (\nu_1\text{狀態}) + (\nu_2\text{狀態}) + (\nu_3\text{狀態}) \qquad (14.3)$$

式(14.1)的情況下，實際觀測到的是由等號右邊的（d、s、b）形成的介子。也就是說，當觀察到不同的介子時，便能確定這個反應可產生不同的夸克。

然而微中子幾乎不會與任何物質產生交互作用，只會一直往前飛。也就是說，就算我們用某種巨大的設備觀察式(14.3)中飛行的微中子，觀察到的仍是以 ν_1到 ν_3的形式存在並疊加的微中子。也就是說，就算我們觀察這些微中子，觀察到的也是上述疊加態，和一開始的 ν_e一樣。這樣看來，微中子似乎不會改變。

不過這個論述並不完全。如果等號右邊的 ν_1到 ν_3的質量不同，能量就不一樣。若將微中子視為「20世紀粒子模型下的粒子」，那麼不同的微中子就可視為不同的波，擁有不同的頻率（請回想一下$E=h\nu$ 的關係）。

若從波的角度來看，式(14.1)'的係數$k_1 \sim k_3$會隨著時間振盪，不過當振盪方式不同時，3個成分的疊加程度也會有所變化。也就是說，相當於ν_e的疊加方式（權重比例），隨著時間經過，可能會混入相當於ν_μ或ν_τ的疊加方式。這麼一來，原本用來檢測ν_e的裝置，就可能因為檢測不出ν_μ與ν_τ，使檢出頻率降低。

簡單來說，由頂點決定的（ν_e、ν_μ、ν_τ）組合，與由質量決定的（ν_1、ν_2、ν_3）組合並非一一對應，而是三者的疊加（世代混合）。若（ν_1、ν_2、ν_3）的質量互不相同，那麼生成的微中子（ν_e、ν_μ、ν_τ）中的某一個）就會在飛行途中轉變成另一種微中子，或者變回原本的微中子。這就是**微中子振盪**。

微中子振盪的檢出

40多年以前，科學家們觀測來自太陽的微中子時，就意識到可能存在微中子振盪的現象。如第143頁所述，太陽會生成大量電微中子。然而地面觀測到的電微中子的數量卻低於預測。

不過就像前面提到的，科學家們有「微中子的質量皆為0」的成見，所以不認為這可以當做微中子振盪確實存在的證據。

改變了這個觀念的是位於岐阜縣舊神岡礦場的裝置——神岡探測器的觀測結果。這個裝置是一座建在地底下的巨大水塔。因為在地底下，故可完全阻斷微中子以外的所有粒子。微中子進入水塔後，會撞擊水的原子核生成帶電粒子。這個帶電粒子發出的光會往外擴散，當這些光接觸到周圍的光電倍增管時，就可以偵測到訊號。

這個裝置的首要目標是偵測質子衰變，最初的成果卻是偵測到了宇宙中超新星爆發時產生的微中子。小柴昌俊就是以這個成就獲得了諾貝爾獎。不過質子衰變的重要性並沒有因此而衰減，這點我們將在下一章中說明。

在神岡探測器的研究中，第一個與微中子振盪有關的研究成果是大氣微中子的觀測。宇宙射線撞擊到大氣原子核後，會生成 π 介子，再生成微中子，這時生成的微中子就叫做大氣微中子。這些微中子中，ν_μ（$\bar{\nu}_\mu$）的數量應該會是 ν_e（$\bar{\nu}_\mu$）的2倍才對（圖14－6）。但觀測到的結果顯示，實際的 ν_μ 數量只有這個數量的一半左右而已。

圖 14-6 • 由 $\pi^\pm$ 生成的微中子

$$\pi^+ \longrightarrow \bar{\mu} + \nu_\mu$$
$$\bar{\mu} \longrightarrow \bar{\nu}_\mu + \bar{e} + \nu_e$$

$$\pi^- \longrightarrow \mu + \bar{\nu}_\mu$$
$$\mu \longrightarrow \nu_\mu + e + \bar{\nu}_e$$

後來，神岡探測器的觀測任務由1996年啟用的超級神岡探測器（直徑、高都是40m的水塔）繼承，這可視為升級版的神岡探測器。科學家們比較來自天空與來自地底的微中子量，發現來自地底的 ν_μ 明顯較少。也就是說，微中子在貫穿地球時，ν_μ 會轉變成其他微中子（後證實為 ν_τ）。這個研究發表於1998年，從這一年起，全世界普遍接受了微中子振盪的現象。梶田隆章也因此獲得諾貝爾獎。

在這之後，科學家們也開始用各類型的實驗，研究微中子振盪現象，其中之一是讓加速器生成的微中子飛向探測器。譬如日本的研究團隊，就用筑波的KEK或東海村的粒子加速器發射微中子，飛向神岡探測器，再於神岡探測器檢測這些微中子的組成。兩者分別被稱為K2K實驗與T2K實驗（美國的實驗可參考第222頁）。

於是，目前的科學界都接受了微中子振盪現象，以及微中子擁有質量一事。不過，以「微中子沒有質量」為前提，推導出來的溫伯格－薩拉姆理論中，微中子還是不能有質量。也就是說，在微中子擁有質量的前提下，建構新的、超越標準理論的機制會是未來的研究方向。

陸續有許多科學家提出各種可能性，不過目前不確定哪個理論是正確的。另外，夸克也一樣，理論上，因為夸克有3個世代，所以CP對稱應該會出現破缺，但目前還沒有觀測到這種情況。我們期待可以在超級神岡探測器的後繼設施，（建設中的）超巨型神岡探測器（Hyper-Kamiokande）完成後，觀測到相關現象。另外，微中子的質量仍尚未確定（不過可推論質量的差異）。在理論層面上，尚無一個能讓人信服的理論能夠回答「為什麼夸克、輕子有固定的混合方式？」，相關討論正在熱烈進行中。

第15章

未來展望

終於進入了本書最後的統整部分。這是我個人就基本粒子物理學現狀的整理。

因為我已經退出了研究的第一線（不過沒有退出物理界），所以還在研究第一線的人們可能會對以下內容有些意見。不過，這畢竟是為了不熟悉這個領域的人寫下的內容，還請各位見諒。

問題大致上有以下2個。

未來的課題Ⅰ：在目前標準理論的框架下，未來會如何發展？該如何解決目前發現的各種問題？

未來的課題Ⅱ：過去可一直視為不存在的重力交互作用，要如何融入目前的模型？

大統一與質子衰變

首先，目前的標準理論有哪些問題呢？以下將具體描述、解說這些問題。微中子質量的來源是其中一個很大的問題，不過我們已經在前一章說明過，所以這裡將討論其他問題。

目前的SU(3) × SU(2) × U(1)理論，是由3個規範場論組合而成的理論。電弱統一理論的名稱中雖然有個「統一」，但實際上並沒有統一，而是2個理論（SU(2)與U(1)）的組合。物理學家多半會有種「自然界的根本定律只有一個」的「成見」，所以這個理論對物理學家來說並不完善。

不過，這些理論都可以納入規範場論中，表示它們可在同一個框架之下。因此，三者的一體化也較容易達成，這個過程稱為**大統一**。事實上，科學家們已經提出了幾個可能的理論，最有名的是SU(5)理論。因為3＋2＝5，所以稱為SU(5)嗎？雖不中亦不遠矣。無論如何，這讓舞台變得更為廣大，可以容納3個理論共存。

將多種理論結合在一起時，會出現原本沒有顧及到的「空隙」，此時必須引入新的要素來填滿這些空隙。這點在電弱統一理論中也一樣。電弱統一理論中的Z玻色子，就是這種用來填滿空隙的要素。SU(5)理論則需要名為X與Y的規範粒子（這個理論中，總計需要5×5－1＝24個規範粒子）。

這些粒子特別的地方在於，它們所生成的頂點，可以連結夸克與輕子，或是夸克與反夸克。如果這種過程真的存在，那麼夸克數就可能會逐漸減少。

舉例來說，假設發生以下過程

$$p \rightarrow \pi + e$$

那麼質子就會消失。這就是所謂的**質子衰變**。要是我們的日常生活中經常發生這種事的話會很恐怖。不過在我們的一生中，就算體內有1個質子衰變，也不會造成太大的問題。

圖 15-1 • 大統一理論中的質子衰變

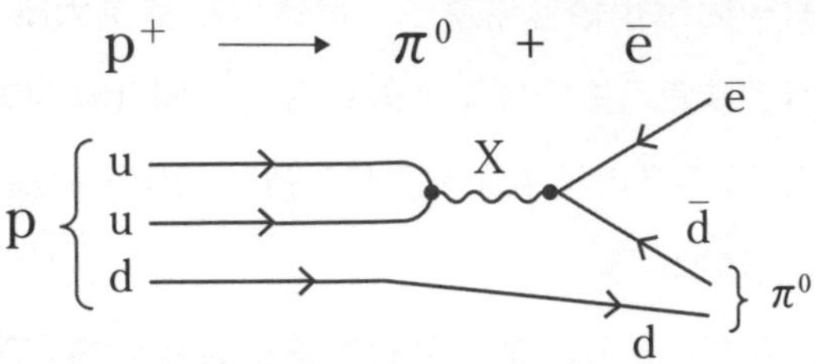

神岡探測器原本是為了檢測質子衰變而建造的裝置。該裝置可以阻斷來自周圍的其他粒子，或許可以偵測到裝置內大量水分子可能發生的質子衰變訊號。

結果神岡探測器偵測不到任何訊號。如果SU(5)理論正確的話，如此大的裝置應該可以偵測得到質子衰變才對，卻事與願違。不過，如果大統一理論是正確的理論框架，那麼質子衰變就一定會發生。也就是說，必須考慮另一個質子衰變頻率比SU(5)理論更為罕見的理論才行。關於這點我們將在下一節中說明。

這個部分比較偏數學，所以會快速帶過。不過，這卻是非常重要的問題。重整化理論是一種將無限大的計算結果改寫成有限量的手法。理論上，我們可以把它改寫成任何的數值，不過它通常有個比較自然的大小。

有時候我們會把它改寫成比這個自然大小還要小一些的數值，這是為了在特殊情況下把這個結果與其他數值互相消去。

但在某些特殊情況下，該數值會自然而然地變小，那就是原本質量為0的情況。電弱統一理論中，粒子原本的質量為0，要是沒有發生自發對稱破缺（希格斯機制）的話，質量0就是0。即使發生破缺，使其不為0，只要原本是0，考慮到虛粒子的效果，也不用擔心這個數值會變大。

夸克、輕子、W玻色子、Z玻色子就是因為這樣，所以只能擁有我們觀察到的質量。

但希格斯玻色子是例外。它原本的質量不是0，為什麼只能擁有和W玻色子與Z玻色子相同程度的質量呢？過去的理論無法說明這點。這就是（質量的）**階層問題**。

事實上，已有人提出了解決方案。該理論提出了**超對稱性**的概念。用「超」這個字雖然有點誇張，卻有其原因。在超對稱性的概念中，基本粒子中的每種費米子都會與一種玻色子分成一組。同一組的2種粒子，數學式擁有相同形態，這種性質就叫做超對稱性。這種對稱方式與過去理論中的對稱性不同，故命名為「超（super）」對稱性。

理論上，只要有這種超對稱性，那麼對希格斯玻色子質量的影響，就會由虛粒子狀態的費米子與虛粒子狀態的玻色子自然而然地彼此相消，不需要用人為方式將質量調整到那麼小。

然而，因為存在超對稱性，所以對每種粒子來說，都需要有另一種粒子作為夥伴（費米子的夥伴是玻色子，玻色子的夥伴是費米子）。但目前，我們還沒有真正找到任何一種粒子的對應夥伴。

這些未知的、假設中的夥伴粒子稱為**超對稱粒子**，或稱為**超伴子**。如果這個理論正確，那麼自然界應該也會存在這些沒那麼重的超對稱粒子才對。若要解決階層問題，這個世界就必須要有一定程度的超對稱性才行，就算不是完整的超對稱性也可以接受（如果這個世界有完整的超對稱性，那麼粒子與它的夥伴粒子的質量應該會完全相同）。

如果CERN成功打造出了新的大型加速器，那麼首要目標應該就會是尋找超對稱粒子。

超對稱性還有一點值得一提。雖然實際觀測結果否定了SU(5)理論，卻無法否定引入超對稱性後的超對稱SU(5)理論。這個理論的質子衰變頻率只有原先理論的百分之一左右，這可以說明為什麼神岡探測器一直無法觀測到質子衰變。目前建設中的超巨型神岡探測器，就設計成了「在這樣的衰變頻率下，也能觀測到質子衰變」的大小。讓我們靜待這個實驗結果吧。

暗物質與真空能量

人類從2000多年以前，就在追尋自然界物質的根源。然而直到最近，人類才發現了過去一直看漏的部分。然而至今我們仍不明瞭這個部分的本質，所以稱其為**暗物質(dark matter)**。不過，與其說它們黑暗，不如說它們是透明的，所以過去我們一直沒發現它們。

最早暗示它們存在的是銀河系周圍的天體運動。銀河系是由無數個天體構成的系統，整體呈圓盤狀，朝著某一方向旋轉。

位於銀河系周圍的天體，會被比自己內側的其他天體牽引住，使自己不會飛出銀河系。這種情況基本上就像地球繞著太陽轉一樣。地球會同時被來自太陽的重力和（俗稱的）離心力牽引，保持平衡。離心力由旋轉速度決定，所以只要知道地球的速度，就可以知道來自太陽的重力有多大了。

同樣的，銀河系周圍也有許多繞著中心轉的天體，它們的速度也和來自內側天體的重力有關。只要測定這些天體的速度，就可以推論出銀河系內側所有物質的質量。

然而，用這種方式推論出來的物質量，遠比實際觀測到的天體量還要多。也就是說，宇宙中充滿了我們看不見的物質。一般認為，用我們人類在觀測天體的方法看不到這些物質，且這些物質也不像天體一樣會聚集成塊狀，而是廣布於整個宇宙空間。雖說如此，這些物質應該也不是平均散布在整個宇宙空間，而是會因為重力的作用而彼此吸引，最後的分布區域大小接近銀河系的大小，如圖 $15-2$ 所示。這些物質的重力會影響到銀河系內的天體，決定它們的旋轉速率。

圖 15-2 • 漂浮在暗物質中的銀河系

在這之後，科學家們陸續發現了許多能夠證明暗物質存在的證據。其

他星系中也可以看到與銀河系相同的現象。聚集成群的星系稱為星系群，星系群內各個星系的運動，都證明了暗物質的存在。來自遠方的光會因為途中經過的重力源（天體等）而彎曲，這種現象叫做重力透鏡，這也顯示了做為重力來源之暗物質的存在。

暗物質存在的決定性證據是宇宙整體的膨脹。宇宙膨脹是現代宇宙論的基礎，膨脹的速度、速度的變化會受到宇宙中物質量的影響。而在詳細觀測宇宙膨脹後，科學家們發現，除了我們眼睛看得到的普通物質之外，宇宙中還存在著近10倍的不明物質（也就是暗物質）。

由目前的宇宙論可以知道，宇宙空間中的能量比例如下。

一般物質的靜止能量（質量）……………………………3%
本質不明的物質（暗物質）的靜止能量……………27%
真空能量………………………………………………………70%

可以確定的是，宇宙中大部分的物質都是現在的我們所不了解的本質不明的物質。目前最有可能的解釋是**超對稱粒子**。和微中子相比，這種粒子與其他粒子的交互作用又更弱。這可能就是為什麼這種粒子至今都沒有被人類偵測到。只要這種粒子有質量，就會受到重力影響；因此若這種粒子大量存在於宇宙中，必定會對天體、整體宇宙的動向造成很大的影響。當然，除了超對稱粒子之外，還有其他理論可以說明暗物質的存在。無論如何，找出能夠說明暗物質的粒子，毫無疑問的是目前基本粒子物理學的當務之急。另外，也有人警告這種粒子很可能和我們過去所認知的粒子有很大的不同。

上面說的**真空能量**究竟是什麼呢？請回想一下希格斯場的能量圖（第212頁）。所謂的真空，就是該圖中最低的位置。圖13－1中，最低位置的能量為0；然而最低位置的能量也可能不是0。請想像整個圖形往上稍微遠離橫軸，此時圖形的最低位置就是真空能量。不過，一般認為前面提到的「70%是真空能量」，並不是希格斯場產生的能量（因為大小不合）。但是這個真空能量到底源自何方，目前還沒有能讓人信服的說法。

重力與超弦理論

電磁力之於馬克士威理論，就像重力之於愛因斯坦於1916年發表的廣義相對論。廣義相對論中引入了類似電場、磁場的重力場概念。

許多優秀的研究者想試著用20世紀的粒子模型說明重力場，然而至今都沒有人成功。不過，因為原子核與電子間的重力非常小，所以在討論基本粒子的層次上，忽略重力的影響並不會造成太大的問題。大統一理論中可能會需要討論到重力，然而一般認為，重力的影響應該比造成質子衰變的交互作用所帶來的影響還要小很多。不過，重力與靜電力不同，只有吸力，沒有斥力。討論天體這種大質量物質的問題時，因為聚集了數量龐大的粒子，故會形成強大的力量。重力與靜電力一樣，可以傳播到很遠的地方。

當然，在討論自然界中最根本的物理定律時，絕對不能忽略重力。或者在討論宇宙起源、黑洞的未來會如何發展這種和我們人生沒有關係的問題時，需要一套理論說明重力在粒子層次上的詮釋。因為我們還不了解重力的根源，所以還沒辦法說真的已經了解宇宙起源是什麼樣子。

光子是靜電力的媒介，相對於此，重力的媒介就先姑且叫做重力子（graviton）。雖然有為這種粒子命名，但廣義相對論與描述其他交互作用的理論不同，不屬於規範場論（內山曾提出可將廣義相對論視為規範場論的詮釋方式，不過那是一種延伸後的規範場論），用以建構光子或膠子理論的手法，無法用於建構重力子的可計算理論。

在量子色動力學、電弱統一理論完成時，許多人都認為，接下來會納入重力的可能性應該很高。

特別是在出現超對稱性這個概念後，就有人嘗試將廣義相對論中描述的重力「超對稱化」，稱為超重力。雖然超重力的詮釋明顯比過去我們熟知的重力還要好，但仍舊沒能解決重力的問題。

在這30年間，**弦理論**備受關注，其中又以**超弦理論**最受矚目。弦理論原本是為了說明為什麼自然界中存在那麼多種強子而誕生的理論。一般的理論中，會把（20世紀的粒子模型下的）粒子視為點狀粒子，弦理論則將其視為有長度的弦（string）。弦的振動會產生各式各樣的狀態，可分別對應到每一種強子的行為。

事實上，在量子色動力學登場後，該理論描述膠子會像橡皮筋一樣綁住夸克，形成我們看到的強子。這代表弦理論的想法並非空穴來風。不過既然有了量子色動力學，就不需要為了進一步描述強子的行為而往弦理論的方向研究。

這時候，將原本用來描述強子的弦理論套用在基本粒子層次上的新研究開始了。研究結果顯示，弦的各種振動狀態除了可以描述光子與膠子之外，也可以描述重力子的行為（米谷民明、謝克、施瓦茨等人，1973年）。另外，如果將超對稱性納入弦理論，得到超弦理論的話，還可以描述夸克與輕子等費米子的行為。

超弦理論解決了幾個弦理論中無法解決的問題。為了符合數學上的邏輯，弦理論必須滿足各式各樣的限制，由此可以推論出，適用的超弦理論只有一種類型。若是如此，自然界的根本法則就會由這些數學邏輯決定，這可以說是達成了物理學的最大目的（之一？）。

但事情沒有這麼簡單，就算理論只有一個，還是沒辦法簡單決定實際世界中的狀況。請回想一下自發對稱破缺的例子。即使理論的形式固定，還是得從多個可能狀態中做出選擇，才能真正決定實際上的真空狀態。在超弦理論中，這種選項有無限多個，所以即使確定了理論，仍不曉得現實情況會如何發展。

在超弦理論的發展過程中，於數學領域也有豐碩的成果。不管是純數學領域，還是可應用於物理學其他問題的數學領域，都有很大的貢獻。然而就「追求自然界的根本法則」這一點來說，並沒有達到一開始的最大目標。當然，也不能排除未來可能會出現劃時代的研究，一舉改變現況。

補章 1

2個相對論

狹義相對論

相對論由愛因斯坦提出，與量子力學並列為20世紀的兩大物理學之柱。相對論可分為狹義相對論（1905年）與廣義相對論（1916年），本節會將焦點放在前者。廣義相對論與重力有關，將於下一節中描述。

提出狹義相對論的動機為光速不變性。假設我們在時速100km的電車內，朝著電車前進方向丟出時速100km的球。那麼從地面上的人看來，球會以200km的時速飛行。但如果不是丟出球，而是發射一道光的話，不管是在電車上觀察這道光，還是在地面上觀察這道光，光的速度都是每秒30萬km。這就是光速不變性。

愛因斯坦用「時間與空間一體化」的概念來說明這件事。從地面看來，固定於電車上的空間正在移動。因為地面不動，電車在動，所以固定在電車的時間流逝情況與地面不同，電車上的時鐘也和地面上的時鐘走得不一樣快。這是狹義相對論的核心。因為空間與時間為一體，所以當空間改變時，時間也會跟著改變，這就是理論的基礎。既然空間與時間為一體，便需要一套換算距離（長度）與時間的方式。而換算率為秒速30萬km，以c表示，即1秒可換算成30萬km。

以下省略了討論的過程，總之，物體的能量、動量定義有必要改變，改變後的結果就是第7章的式(7.1)～式(7.7)。最大的改變為，即使物體沒有移動，只要有質量，就會有能量，即所謂的靜止能量$E=mc^2$，而這也是愛因斯坦的重要發現。其他部分則是由普朗克的研究成果為基礎推導出來。最先意識到愛因斯坦狹義相對論有多重要的人，就是普朗克（關於普朗克的故事，請參考第68頁）。

若不考慮靜止能量，那麼在速度v很小的時候，這些式子和過去人們所用的公式一致。不過當v很大，接近c的時候，就會出現差異。特別的是，如果v要等於c，那麼質量m就必須為0。相反的，世界上可能存在質量為0的粒子，不過這種粒子必須持續以c的速度移動。

光子就是質量為0的粒子，所以光速等於c。光速永遠不變，永遠以每秒30萬km的速度前進。以光速不變為出發點的狹義相對論，於粒子的問題中再度用上了光速不變的性質。

閱讀本書時，在狹義相對論方面，只要有這個程度的知識就可以了。

廣義相對論有許多面向，這裡將以其中3個面向為焦點，介紹其理論。

2種相對論都將時間與空間視為一體，整體稱為**時空**。狹義相對論中討論的是平坦的時空，廣義相對論討論的則是彎曲的時空。物體會扭曲周圍的時空，使其他物體通過周圍時改變軌道，這是廣義相對論在**幾何學上**對萬有引力的說明。這可以說是回答了「為什麼萬有引力可以作用在距離遙遠的物體之間？」這個牛頓時代以來便困擾著物理學家的難題。

廣義相對論也將重力場的概念引入平坦時空。電磁學將電場、磁場（電磁場）的概念引入時空。相對於此，重力引入了**重力場**的概念。近年來人類首次觀察到重力場以波的形式傳播，這種現象稱為**重力波**。

另外，在粒子的層次上，科學家們用光子來解釋電磁場。同樣的，重力場在粒子層次上可以用重力子來解釋。不過**重力子**所引起的各種現象過於微弱，現在的我們無法觀測到。和電磁場相比，重力場在數學上相當複雜。我們在第248頁也曾介紹過，建構重力場的可計算理論是個十分困難的任務。即使有許多物理學家投入超弦理論的研究，想解決這個問題，目前仍未成功。

廣義相對論的第3個面向，則是考慮到宇宙整體的時空扭曲。20世紀後，科學家們確定了宇宙空間正在膨脹的事實。如果宇宙空間整體是有限的，宇宙膨脹的概念就不難理解；不過即使宇宙空間為無限大，也可以有膨脹的現象。只要想像空間中任意兩點間的距離隨著時間逐漸增加就可以了。

要是空間一直膨脹，即使空間本身沒有扭曲，在數學上也會於時間軸方向產生扭曲，這就是廣義相對論中討論的問題。從基本粒子物理學的觀點看來，宇宙膨脹與物質變化之間的關係也是相當有趣的話題，本書將在補章2中談論這個問題。

宇宙的物質史

膨脹宇宙與元素合成

至此，本書說明了構成物質的基本粒子是什麼，以及這些基本粒子受到哪些定律支配。

到了20世紀初，人們了解了原子的本質後，研究工作開始往原子核、質子、中子、夸克的方向前進。

原子是構成我們的身體，以至於我們周遭各種物質的粒子，包含有碳原子、氧原子等許多種類。由於原子核本身的結構相當複雜，使科學家們專注於鑽研比原子層次更細微的結構，卻忽略了「原子這種東西什麼時候、在哪裡出現？」、「這些原子從宇宙誕生時便已存在嗎？」之類，描述原子來源的問題。

不過有些人就是特別想研究這些被眾人忽略的問題。這個部分已經脫離了基本粒子物理學，進入宇宙物理學、原子核物理學的領域，不過這裡就讓我們概略性描述相關研究成果吧。故事大概可以分成2個部分，前半介紹的是宇宙的開始到「大爆炸」之間的過程，後半則是介紹在那之後各種天體的形成過程。

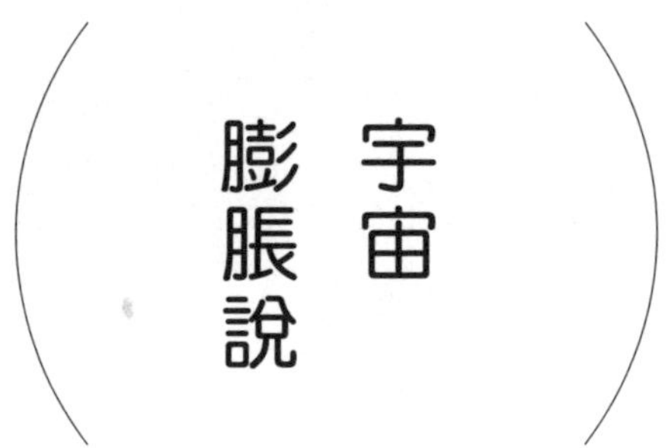

宇宙膨脹說

「宇宙的形成問題」於20世紀時，正式進入科學層次的討論。不管是理論或觀測結果，都明確指出宇宙空間正在膨脹。

首先，觀測方面的開端是哈伯－勒梅特定律（1929年）。宇宙中有無數個星系（聚集成群的天體），然而這個定律指出，星系彼此間的距離相當遙遠，而且距離愈遠的星系，遠離我們的速度愈快。

這可以解釋成星系本身就在移動，也可以解釋成星系本身為靜止狀態，但空間正在膨脹。

舉例來說，我們可以在橡皮筋上每隔一定距離做上一個記號，然後將橡皮筋往兩邊拉開（參考下圖）。此時，記號間的距離會逐漸增加。如果以圖中的記號A為基準，會發現其他記號都在遠離它。而且原本離A愈遠的記號，遠離A的速度就愈快。

哈伯-勒梅特定律的說明

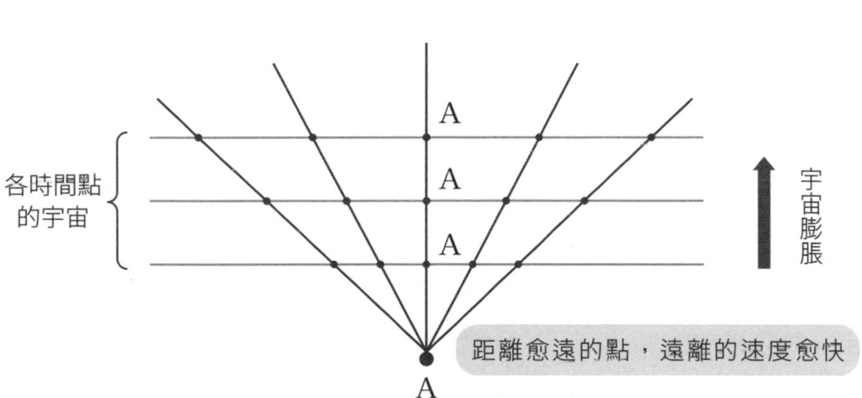

愛因斯坦的廣義相對論也認為這個解釋是正確的。廣義相對論是描述時間與空間變形的理論，不過從宇宙空間整體看來，宇宙（很可能）正在持續膨脹中。這種20世紀誕生的新概念，稱為**宇宙膨脹說**。

既然宇宙現在正在膨脹，就表示愈早期的宇宙愈小。過去的宇宙應該有某個階段處於極為壓縮的狀態，空間中的每個位置都聚集在一個點上。

如果這是真的，那麼這應該就是宇宙的起始了。

事實上，廣義相對論的計算可計算出這樣的結果，但在極微小尺度下的宇宙空間中，廣義相對論可能不適用。如同我們在第248頁的說明，在極微小尺度下，需用新的框架（量子論）解釋廣義相對論，然而學者們在這方面還沒有成功。

因此，雖然我們不曉得宇宙是否曾處於極為壓縮的狀態，但至少在此之前宇宙膨脹說是正確的。

接下來，試著想想看膨脹中的宇宙內，物質狀態會如何變化。以空氣幫浦為例，將空氣急速壓縮時會變熱。所以當我們回溯到過去時，空間收縮會使物質處於高溫、高密度狀態。物質的溫度、密度過高時，天體就會無法維持住外型而碎裂四散，就連原子、原子核也會碎裂，最後成為夸克飛來飛去的世界。

這種世界中，所有粒子都擁有超高動能，會互相撞擊，生成W玻色子、Z玻色子以及其他很重的粒子，甚至是我們尚未發現的各種重力子，可以說是基本粒子的世界。

一般來說，我們會將這些「四散的粒子在宇宙空間中飛來飛去的時期」，統稱為**大爆炸**。不過，在大爆炸期間的不同時期，四處飛散的粒子種類也會隨著時間及整體溫度而有所不同。

從暴脹到大爆炸

那麼，宇宙真的是在這種大爆炸狀態下誕生的嗎？我們很難給出一個確實的答案，不過一般認為並非如此。

目前較有說服力的說法是，宇宙的極初期有一個「暴脹時期」。暴脹時期內，空間膨脹的速度遠比今日快。暴脹時期的存在，可以說明為什麼目前我們觀測到的宇宙組成相當平均（均質），也有人主張已經發現了暴脹時期留下的痕跡。

如果這個觀點正確，那麼在暴脹時期以前，即使宇宙空間中存在粒子也會在瞬間消失，使整個宇宙空間保持（幾乎）真空的狀態。也就是說，在這之後，宇宙在真空狀態下誕生。

在暴脹時期中，物質（幾乎）不存在，不過空間充滿了所謂的真空能量。真空能量是宇宙暴脹時期急速膨脹的必要條件（廣義相對論的要求）。我們在第246頁有稍微提到真空能量，簡單來說，就是與粒子及物質無關，空間本身就擁有的能量。

暴脹時期結束時，真空中的能量也全數消失。此時，這些能量會轉變成數量龐大的粒子，於空間中登場。當空間產生變化時，粒子便可從真空中誕生，這是20世紀粒子模型的一個特徵。

不過，就像本書一直強調的，粒子與反粒子會成對產生。也就是說，暴脹時期結束時，宇宙中充滿了數目相同的粒子與反粒子，並處於超高溫、超高密度的狀態。這就是大爆炸宇宙的開始。

這時的宇宙中，粒子與反粒子會以極高速度飛行，持續發生對撞、成對產生、湮滅等事件。不過一段時間後，宇宙膨脹速度減緩，溫度逐漸下降，較重粒子的成對產生便愈來愈少發生（因為對撞粒子的能量下降）。於是，宇宙便只剩下較輕的粒子、反粒子。如果這個過程持續下去，宇宙中就只剩下最輕的粒子——光子。天體，以至於人類都不會出現在這個世界中。

為了不讓這種事發生，必須有一套機制破壞粒子與反粒子的平衡。即使比例不高也沒關係（譬如十億分之一），全宇宙的粒子數必須大於反粒子數才行。這麼一來，即使湮滅持續發生，仍會有多出來的粒子留在宇宙中，並在之後形成各種天體。為此，自然定律下的粒子、反粒子同等性，即CP對稱性必須存在破缺。這是第14章的主題之一。不過，光靠第14章中的小林－益川理論，仍不足以解釋為什麼宇宙還會剩下那麼多粒子。相關研究目前仍在進行中。

從基本粒子到原子

無論如何，大爆炸時期的宇宙中，僅含有相對較輕的粒子。譬如較輕的夸克、電子、微中子等。

夸克可聚集成核子（質子、中子）。單獨的中子無法長時間存在，會發生β衰變而變成質子，或者與質子結合成氘（重氫）的原子核。然後，2個氘原子核可再結合成氦4原子核。但比氦4重的原子核則幾乎不會形成，因為此時的粒子密度已低到難以發生對撞事件。這個過程大約在宇宙誕生後的3分鐘後結束。

若宇宙繼續膨脹、冷卻下去，質子或原子核便會與電子結合成原子，形成氫原子或氦原子。大爆炸時期到此結束。此時大約是宇宙誕生以後的40萬年左右。不過構成地球與我們身體的碳原子、氧原子與其他原子，都還沒有在宇宙中登場。

天體的形成

接著，原子因重力而聚集成群，形成天體。聚集成群的原子大部分是氫原子，少部分是氦原子（個數約為十二分之一）。

大爆炸時期結束後，宇宙溫度下降，原子運動趨緩。於是密度稍大的區域便成為了核心，吸引周圍粒子聚集，開始形成天體。

關於這個過程也有許多爭論。在大爆炸時期結束後，原子的密度十分平均。許多間接證據顯示此時空間中的原子沒有什麼疏密之分，應該要耗費非常多的時間才能形成天體。

但這樣就沒辦法解釋為什麼「宇宙中的第一個天體形成於大爆炸時期結束後的數億年」這個已知的事實。

我們曾在第15章中提到目前仍本質不明的暗物質。如果暗物質真的存在，那麼上述問題就可以解決了。

除了重力以外，暗物質（應該）不會與其他粒子產生交互作用，所以在大爆炸時期，暗物質就已經聚集成群。也就是說，暗物質可能會先形成銀河系等級的塊狀物，透過重力將周圍的原子吸引過來，形成天體，這是目前較多人可以接受的說法。這就是宇宙首先出現的**第一代天體**（順帶一提，太陽並非第一代天體）。

第一代天體主要由氫構成，是氫的粒子集團。重力會讓天體逐漸收縮，使核心部分進入高溫高密度狀態。至於高溫與高密度究竟有多高，則取決於該粒子集團的大小。

無論如何，當溫度密度高到一定程度時，氫原子核之間，也就是質子之間就會劇烈碰撞，發生我們在第9章說明過的核融合反應（質子p彼此結合成氦4（ppnn）的反應）。

之後發生的事相當複雜，不過因為滿有趣的，就讓我們簡單說明一下吧。

新生成的氦4原子核因為比較重，所以會往核心部分聚集。核心的氫用完之後，氫的核融合就會結束，並開始氦4原子核的核融合反應。氦4原子核雖然會融合成更大的原子核，不過原子核愈大，就愈難繼續融合下去，因為電荷會增強到使得帶正電的原子核彼此排斥。如果粒子集團的重力可以充分收縮天體，使核心處於超高溫、超高密度的狀態，就有機會讓原子核的動能勝過排斥力，對撞融合成更大的原子核。但天體必須夠大，才有這樣的能力。所以說，天體內的原子核合成能進行到哪一步，取決於天體的大小。

以下將以這個概念為基礎，說明天體內部合成原子核的各個階段。順帶一提，太陽仍處於以下提到的第一階段，不過第一代天體多已處於更後面的階段。

第一階段　（**從氫到氦**…已說明過的過程）：最初形成氫的集團，合成出氦4原子核。氦4原子核集中在天體中心，直到氫的融合結束。

第二階段　（**從氦到碳、氧**）：氦4原子核有2個質子、2個中子，4個核子間的連結力強，是相當穩定的原子核，很難繼續進行核融合反應。這就是為什麼大爆炸時期的元素融合會停在氦4原子核。即使2個氦4原子核融合成鈹8原子核（4個質子、4個中子），也會馬上分解成2個氦4原子核。然而當氦4原子核的密度非常高時，可能會發生3個氦4原子核同時結合在一起的情況，形成碳12原子核（6個質子、6個中子），這是相當穩定的原子核。

若碳12原子核繼續與氦4原子核融合，會得到氧16原子核（8個質子、8個中子）。氧16原子核相對較重，會聚集在天體的核心。也就是說，天體會形成階層結構，核心部分有氧與碳，周圍是氦，最外圍則是氫。

第三階段　（**形成更重的原子核**）：許多天體會止步於第二階段，不過比太陽大10倍以上的天體會繼續往下走。構成核心部分的碳與氧會因重力而繼續收縮、激烈對撞，形成更重的原子核。

接著，天體會陸續形成多種更重的原子核，使天體內部呈現階層結構，如下一頁的圖所示（也有人稱其為洋蔥結構）。

較重天體演化過程中形成的洋蔥結構

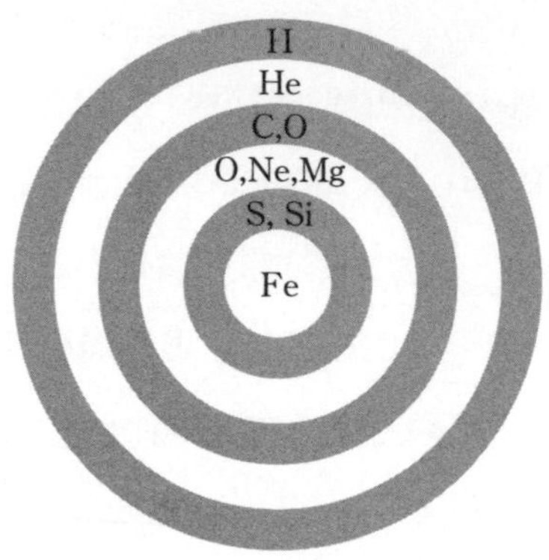

第四階段（**超新星爆發**）：上圖中，位於核心部分的是鐵。前面提到的核融合反應，無法合成比鐵還要重的原子核。如同我們在第120頁的說明，核子之間會以核力結合在一起，卻會因為靜電力而互相排斥。而且當距離拉開時，靜電力的斥力會比核力的吸力還要強。所以愈大的原子核，核子間的結合力就愈弱。就算結合，能量上也不會變得比較穩定，所以不會結合。

聚集在天體核心的鐵會因為重力而持續收縮，使溫度上升。此時卻會出現相反的反應，鐵會開始分解。就像高溫下的水分子會彼此分離，汽化成水蒸氣一樣。鐵分解時會吸熱（與燃燒相反），使鐵製核心迅速冷卻，並在重力的影響下進一步收縮，發生所謂的「塌陷」現象。核心部分爆發性地收縮，會衝擊到周圍的物質，將周圍物質往外噴出。這種現象稱為**超新星爆發**。雖名為「新星」，卻是重恆星最後的姿態。

神岡探測器在1987年2月23日偵測到的微中子，就是來自位於地球所在的銀河系附近的超新星爆發。神岡探測器的主任小柴昌俊也因此而獲得了諾貝爾獎。

各種天體的一生與元素合成

最後，讓我們用以上基本知識，說明一般天體的一生，以及構成我們的身體、周圍物質的元素從何而來吧。

首先考慮質量為超過太陽10倍大的天體。原子核的反應會進行到第四階段，接著發生超新星爆發，將天體內部合成的各種原子核撒向整個宇宙空間。

另外，超新星爆發時會生成大量中子，不過在爆發進行的過程中，既有的原子核會吸收這些中子，進而生成之前的核融合反應中無法產生的原子核，也就是比鐵還重的原子核（金、鈾等）。

天體從形成到爆發所經過的時間，也就是天體的壽命，取決於天體的大小。愈大的天體，核心溫度愈高，反應愈快，天體的壽命就愈短。壽命短的可以短到5000萬年，長的可以像太陽般持續100億年以上。

接著考慮與太陽差不多大的天體。因為核心部分的重力不夠，所以原子核的融合會止步於第二階段，但周圍的氫與氦會由於高溫而開始膨脹。以太陽為例，太陽可能會膨脹到目前地球所在的位置（雖然這是距離現在50億年後才會發生的未來）。此時天體的最外側看起來是紅色，所以稱為**紅巨星**。

膨脹後的氫與氦會散逸至宇宙空間，最後只留下由碳與氧構成的，壓縮得相當緊密的核心，稱為**白矮星**。

另外，一般認為當氫與氦往外膨脹時，天體也會產生中子，形成較重的原子核。此時生成的碳與氧可能會有部分散逸至宇宙空間中。要是白矮星附近還有其他天體，就會吸收這些物質，並可能發生另一次超新星爆發，將這些元素拋至宇宙空間。

無論如何，在天體的演化過程中，會合成較重的原子核，並將各種元素拋至宇宙空間。而這些元素會在之後參與其他天體的形成。

以太陽系為例，太陽系可能是附近某個超新星爆發後留下的氣體殘骸所形成的。這大約發生在宇宙誕生的100億年後。目前太陽系的年齡約為45億年，宇宙年齡（從大爆炸算起）則約140億年。目前的宇宙大部分都是氫，太陽系的元素也大部分都是氫。

不過地球這種較小的行星，沒辦法留住氫或氦等較輕的元素，只能留下碳、氮、矽、各種金屬等較重元素。譬如地球的核心部分就是一個大鐵塊（參考右頁表）。

太陽目前擁有的氫燃料大概還可以繼續燃燒50億年左右，之後就會進入紅巨星階段，最後變成白矮星。那時候的人類會變成什麼樣子呢？不過，比起數十億年這種天文學上的時間尺度，一般人還是比較在意數十年、數百年間的人類文明變化吧。

太陽系內的元素比例

原子序	元素名稱	數量比例（設碳為1）
1	氫	2.8×10^{3}
2	氦	2.7×10^{2}
3	鋰	0.6×10^{-5}
4	鈹	0.7×10^{-7}
5	硼	0.2×10^{-5}
6	碳	1
7	氮	0.31
8	氧	2.4
9	氟	0.8×10^{-4}
10	氖	0.34
11	鈉	0.6×10^{-2}
12	鎂	0.11
13	鋁	0.8×10^{-2}
14	矽	0.1
15	磷	0.1×10^{-2}
16	硫	0.05
17	氯	0.5×10^{-3}
18	氬	0.01
19	鉀	0.4×10^{-3}

原子序	元素名稱	數量比例（設碳為1）
20	鈣	0.6×10^{-2}
⋮	⋮	⋮
24	鉻	0.1×10^{-2}
25	錳	0.1×10^{-3}
26	鐵	0.09
27	鈷	0.2×10^{-3}
28	鎳	0.5×10^{-2}
29	銅	0.5×10^{-4}
30	鋅	0.1×10^{-3}
⋮	⋮	⋮
47	銀	0.5×10^{-7}
⋮	⋮	⋮
78	鉑	0.1×10^{-6}
79	金	0.2×10^{-7}
80	汞	0.3×10^{-7}
⋮	⋮	⋮
82	鉛	0.3×10^{-6}
⋮	⋮	⋮
92	鈾	0.9×10^{-9}

年　表

基本粒子物理學以前	
16世紀初	提出地動說(日心說)……哥白尼
17世紀初	克卜勒三大定律(行星的運動)
1687年	牛頓《自然哲學的數學原理》(確立古典力學)
1789年	拉瓦節《化學基礎論》(33種元素)
1803年	基於拉瓦節元素理論的原子說……道爾頓
1805年左右	楊格的實驗(光的雙狹縫實驗)
1811年	提出分子說……亞佛加厥
1864年	提出電磁場(電磁波)的理論……馬克士威
1887年	驗證電磁波……赫茲
1896年	發現電子(陰極射線實驗)……J.J.湯姆森
1900年	提出量子假說……普朗克
1905年	提出布朗運動的理論(證明原子確實存在)……愛因斯坦
1905年	提出光量子假說(提出光子的概念)……愛因斯坦
1905年	提出狹義相對論……愛因斯坦
1911年	發現原子核(α粒子散射實驗)……拉塞福等人
1913年	波耳的量子條件
1916年	提出廣義相對論……愛因斯坦
1923年	康普頓散射實驗(確認光子存在)……康普頓、德拜
1923年	物質波假說……德布羅意
1925-6年	量子力學誕生……海森堡、薛丁格
1925年	提出包立不相容原理(費米子)

基本粒子物理學(理論)	
1930年	預言微中子的存在(依據β衰變)……包立
1934年	提出介子論……湯川秀樹(諾貝爾獎，1949年)
1947年	量子電動力學的重整化理論 ……朝永振一郎、薛丁格(諾貝爾獎，1965年)
1953年	提出奇異數的概念……中野、西島、蓋爾曼

1961年	提出自發對稱破缺 ……南部陽一郎（諾貝爾獎，2008年）
1962年	微中子的世代混合研究……牧、中川、坂田
1964年	提出夸克模型……蓋爾曼、茨威格
1964年	提出希格斯機制……希格斯、恩格勒
1967年	提出電弱統一理論（溫伯格-薩拉姆理論） ……溫伯格、薩拉姆、格拉肖
1971年	證明電弱統一理論重整化的可能性……特胡夫特
1973年	小林-益川理論（6夸克說） ……小林誠、益川敏英（諾貝爾獎，2008年）
1973年	量子色動力學　漸近自由性……格羅斯、韋爾切克、波利策

基本粒子物理學（實驗）	
1932年	發現中子……查兌克
1932年	發現正電子（反電子）……安德森
1936年	發現緲子（宇宙射線實驗） ……安德森、內德梅耶
1947年	發現K介子（奇夸克）……羅徹斯特、巴特勒
1947年	發現π介子（宇宙射線實驗）……鲍威爾
1956年	證明了微中子（ν_e）的存在（原子爐） ……萊因斯、科溫
1964年	發現CP對稱破缺現象（K介子衰變） ……克羅寧、菲奇
1973年	發現Z玻色子參與的現象……CERN
1974年	發現J/ψ介子（魅夸克） ……史丹佛（SLAC）、布魯克赫文（BNL）
1975年	發現陶子（第三世代的輕子）……史丹佛（SLAC）
1977年	發現Υ介子（底夸克）……費米實驗室（FNAL）
1983年	發現W玻色子、Z玻色子……CERN
1995年	發現頂夸克……費米實驗室（Tevatron）
1998年	發現微中子振盪現象 ……超級神岡探測器（梶田隆章 諾貝爾獎，2015年）
2012年	發現希格斯粒子……CERN（LHC）

標準理論的粒子與交互作用

玻色子

	名稱	功能	種類數
g	膠子	強交互作用的媒介	8
γ	光子	電磁交互作用的媒介	1
$W^{(\pm)}$	W玻色子	弱交互作用的媒介	2
Z	Z玻色子	弱交互作用的媒介	1
H	希格斯粒子	賦予粒子質量	1

強交互作用

q_i q_j

g_{ij}

「i, j」分別表示3種色荷中的1種

「ij」為i與j的複合色

電磁交互作用

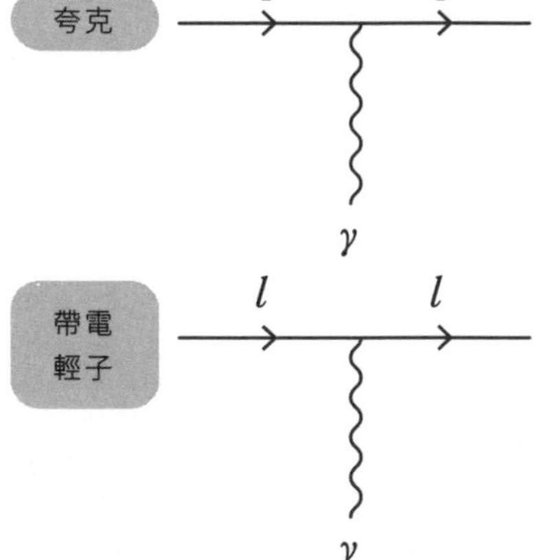

費米子

	名稱	第1世代	第2世代	第3世代	
夸克 (q)	電荷 2/3	上夸克 u	魅夸克 c	頂夸克 t	每種夸克分別還有3種「色」可參與所有交互作用
	電荷 −1/3	下夸克 d	奇夸克 s	底夸克 b	
輕子	荷電輕子 (l) 電荷 −1	電子 e	緲子 μ	陶子 τ	不參與強交互作用
	中性輕子 電荷 0	電微中子 ν_e	緲微中子 ν_μ	陶微中子 ν_τ	只參與弱交互作用

弱交互作用

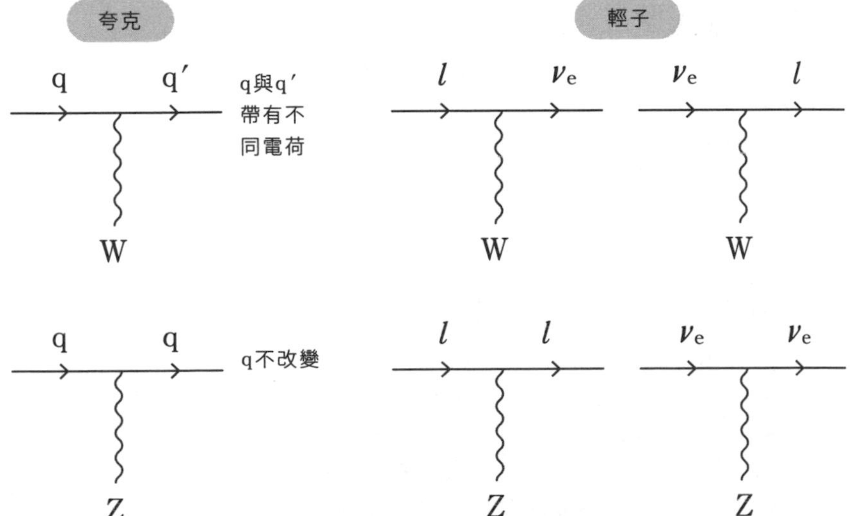

粒子表 粒子名稱後的數字為質量（單位為百萬電子伏特（MeV））

玻色子 玻色子與費米子的區別請參考第95頁／第184頁

膠子	0（無法單獨存在）	第175頁／第207頁（量子色動力學的規範粒子）
光子	0	第5章（愛因斯坦的光量子假說）、第170頁／第206頁（規範粒子）
W玻色子	82×10^3	第134頁／第159頁（qq'W頂點）、第209頁（電弱統一理論）
Z玻色子	93×10^3	第209頁／第215頁（電弱統一理論）
希格斯粒子	125×10^3	第209頁／第219頁（電弱統一理論、希格斯場）

輕子

電子	0.5	第36頁（陰極射線） 第103頁（正電子）
緲子	105	第125頁（發現） 第188頁（第二世代）
陶子	1777	第199頁（發現、第三世代）
微中子	～0（嚴格來說不為0）	第133頁／第137頁（假說、發現）第233頁（振盪）

一般的強子 （夸克u與d的複合體） 重子與介子 第127頁

質子(uud)	938.3	第154頁（由夸克構成）
中子(udd)	939.6	第155頁（由夸克構成）
核子（質子與中子的總稱、最輕的重子）		
Δ粒子（次輕的重子）	1232	第155頁（由夸克構成）
π介子	140（$\pi^{\pm}$）／135（π^0）	第8章（湯川理論）、第155頁（由夸克構成）

原子核 質子與中子的複合體

（一般的）氫^{1}H原子核	1個質子		
氘D（重氫^{2}H）原子核	1個質子1個中子	1876.0	第141頁（穩定性）
氚T（超重氫^{3}H）原子核	1個質子2個中子		第131頁／第142頁（β衰變）
氦3（^{3}He）原子核	2個質子1個中子		第145頁
氦4（^{4}He）原子核（一般的氦原子）	2個質子2個中子		第145頁

新的強子（含有s、c、b、t的強子，下方欄中的q可代表u或d）

K介子（$s\bar{q}$、$q\bar{s}$）		第191頁（第3種夸克）
J/ψ介子（$c\bar{c}$）	3100	第195頁（第4種夸克）
D介子（$c\bar{q}$、$q\bar{c}$）	1865/1869	第196頁
Υ介子（$b\bar{b}$）	9460	第202頁（第5種夸克）
B介子（$b\bar{q}$、$q\bar{b}$）	5279	第202頁
頂夸克（形成強子前衰變成b）	$\sim 170 \times 10^3$	第204頁（第6種夸克）

索引

11～15劃

16～20劃

22劃

和田純夫

日本成蹊大學兼任講師，前東京大學大學院總合文化研究科專任講師。理學博士。1949年出生於千葉縣。東京大學理學部物理學科畢業。專長為理論物理學。研究主題為基本粒子物理學、宇宙論、量子論（多世界詮釋）、科學論等。

日文版STAFF

封面設計	足立友幸（parastyle）
本文設計、DTP	三枝未央

圖解粒子物理

從牛頓力學到上帝粒子，一窺物質的究極樣貌

2021年12月1日初版第一刷發行

著　者	和田純夫
譯　者	陳朕疆
編　輯	劉皓如
發行人	南部裕
	＜地址＞台北市南京東路4段130號2F-1
	＜電話＞(02)2577-8878
	＜傳真＞(02)2577-8896
	＜網址＞http://www.tohan.com.tw
郵撥帳號	1405049-4
法律顧問	蕭雄淋律師
總經銷	聯合發行股份有限公司
	＜電話＞(02)2917-8022

國家圖書館出版品預行編目(CIP)資料

圖解粒子物理：從牛頓力學到上帝粒子，一窺物質的究極樣貌 / 和田純夫著；陳朕疆譯. -- 初版. -- 臺北市：臺灣東販股份有限公司, 2021.12
276面；14.8×21公分
ISBN 978-626-304-967-3(平裝)

1. 粒子 2. 核子物理學

339.4　　110017939